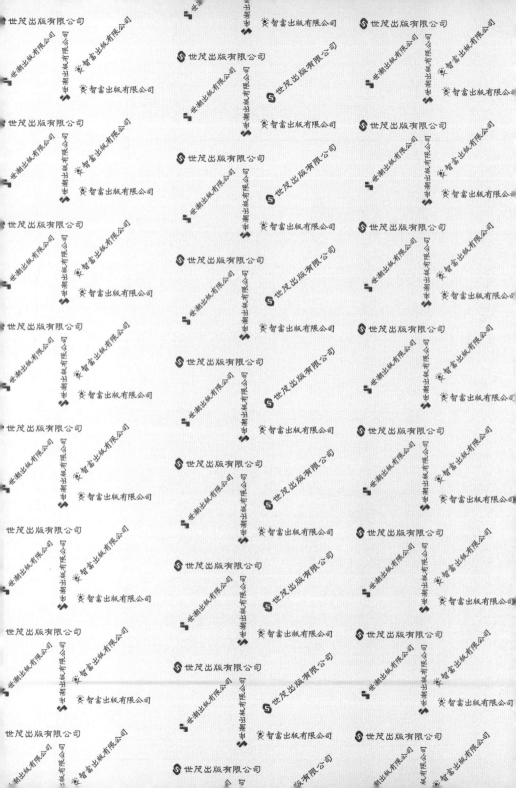

# 和服系乙女

## 歲時紀穿搭手帳

松田惠美

**矢鱈縞**

這是一種粗細與間隔都很雜亂的條紋。其他條紋，還有像鰹魚（煙仔魚）魚皮漸層的「鰹紋」，有各種有趣的名字。

和服啊，真是有趣。和服和洋裝不同，不是立體而是平面的。不是以人配合服裝，和服是配合人而設計的。可以穿得很漂亮，也可以穿得很天真爛漫。從前日本女明星的和服打扮是很好的參考範本，讓人看著不禁沉醉其中。

看到時尚圖案，或是配色美得令人屏息的和服，
彷彿聽見「滋」一聲的電流通過，令人一見鍾情。
一邊想著「這也不對，那也不對」一邊搭配衣服，快樂地消磨時間。
我深深覺得，生為女孩兒家實在是太幸福了。

小時候，看到成熟大人美麗的和服穿搭，讓我不禁想：「啊！我也好想模仿喔！」
雖然立刻去找相似的衣物試穿，但卻總覺得哪裡不對勁……。
因此，我憧憬著「有一天，我也要變成那樣，成熟美麗的裝扮！」
另一方面，遇到可愛圖案或是有設計感的和服時，
我則會想著：「這種和服趁年輕才能穿，所以要穿就要現在穿！」
和服最棒的地方，就是不論現在未來，都能讓你享受穿和服的樂趣。

# 目錄

# 前言

我是最喜歡和服的和服班長
久等了—
這裡—
不論到哪裡，我都是穿和服GO！
演唱會
工作
請多多指教
出國
OH GEISHA!!
呵
搭飛機
因為所以
真好真好
我也想穿和服
這樣嗎？
?
不過話說回來，妳為什麼都穿和服呢？
是不是有什麼不可告人的秘密？
窮追不捨
只是因為我喜歡啦，但還有個理由是……
噢
可以遮掩穿著洋裝的醜醜體型
剪掉多餘的下半截，花紋就不見了
然而和服…
NO—
Yes!
滑肩
150 cm
流行的長度
和服款式不跟隨流行，可以穿很久
已經退流行了…
當初買很貴耶
同款
新款
曲線美
唉~

而且少女度up❤
也很有女人味
自然而然會很懂花
這花和上次穿的和服花紋是同款耶！
又到了這個季節啊——
在餐廳
貴賓席
請問需要餐巾嗎？
得到殷勤的服務
感覺變公主
穿和服會有很多樂趣喔❤
我想穿和服！可是我不懂耶。
!?
沒問題！不懂也能輕鬆穿和服。
既然如此，就從這裡開始好嗎？
閃閃發光
真的嗎？
沒錯
將和服融入日常生活，一起享受人生吧！❤
喔～耶

# 貓咪

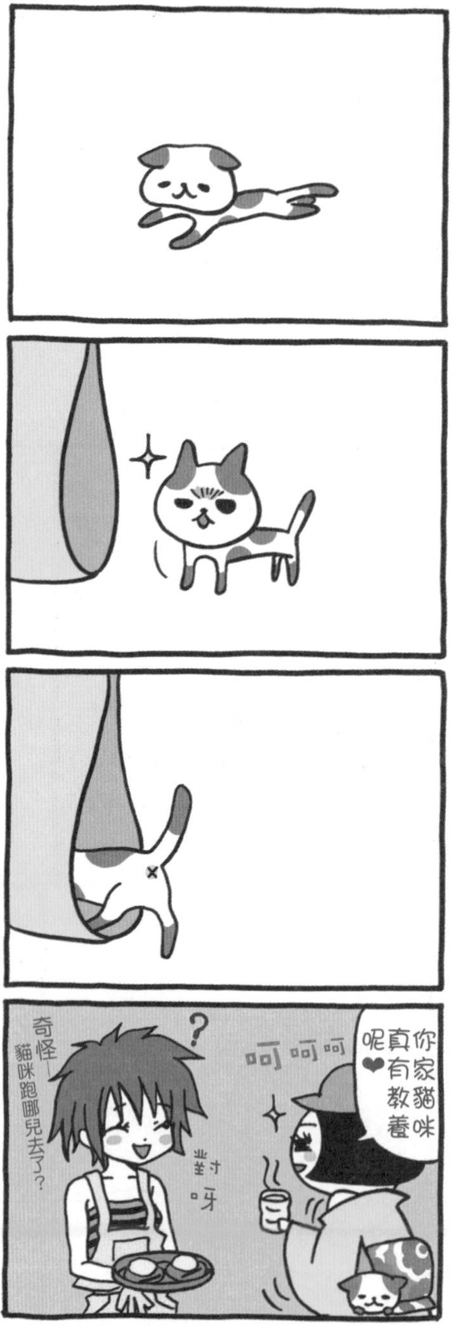
你家貓咪真有教養呢❤
呵呵呵
奇怪—貓咪跑哪兒去了?
對呀

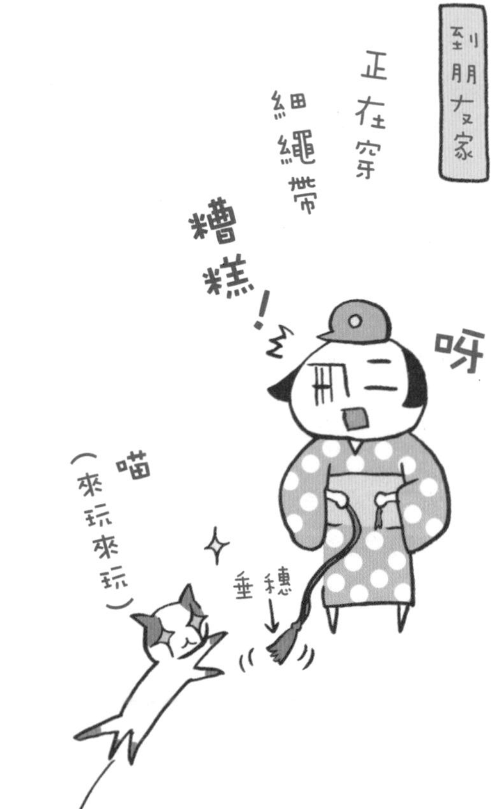
到朋友家
正在穿
細繩帶
糟糕!
呀
垂穗
喵
(來玩來玩)

第一章

# 春夏秋冬十二個月・和服穿搭

立涌

描繪水蒸氣搖晃上升的花紋

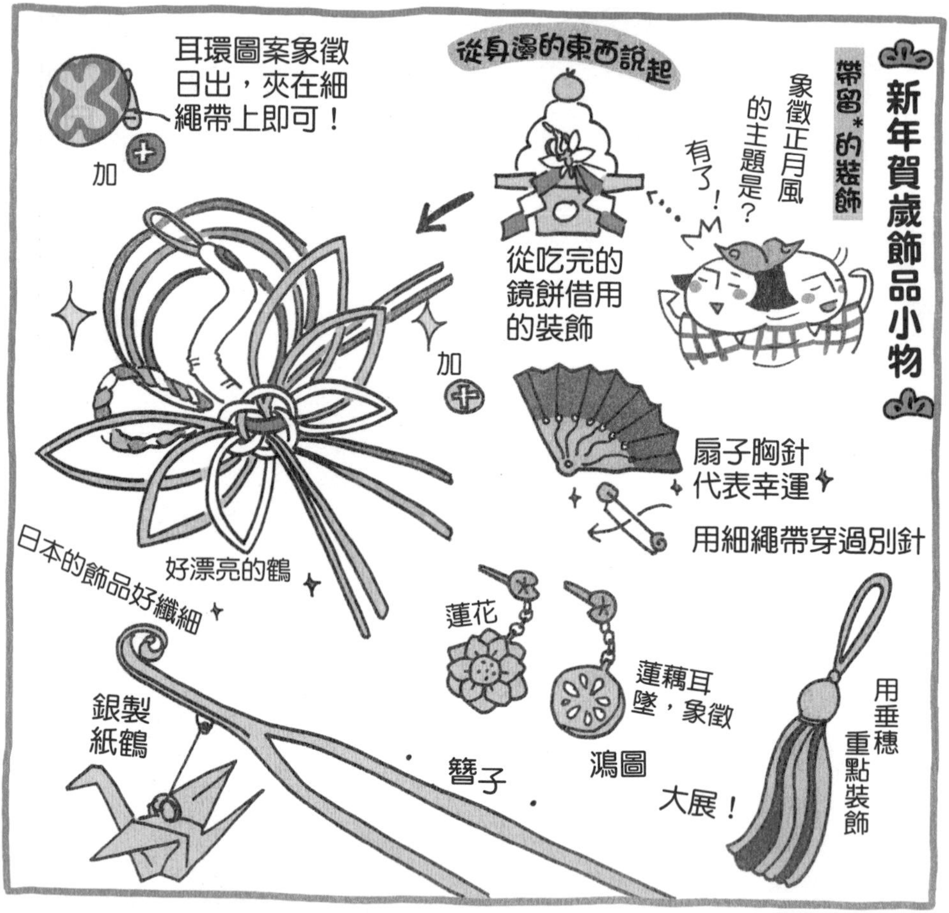
新年賀歲飾品小物
帶留*的裝飾
象徵正月風的主題是？
有了！
從身邊的東西說起
從吃完的鏡餅借用的裝飾
耳環圖案象徵日出，夾在細繩帶上即可！
加
加
扇子胸針代表幸運
用細繩帶穿過別針
好漂亮的鶴
日本的飾品好纖細
蓮花
蓮藕耳墜，象徵
鴻圖
大展！
用垂穗重點裝飾
銀製紙鶴
簪子

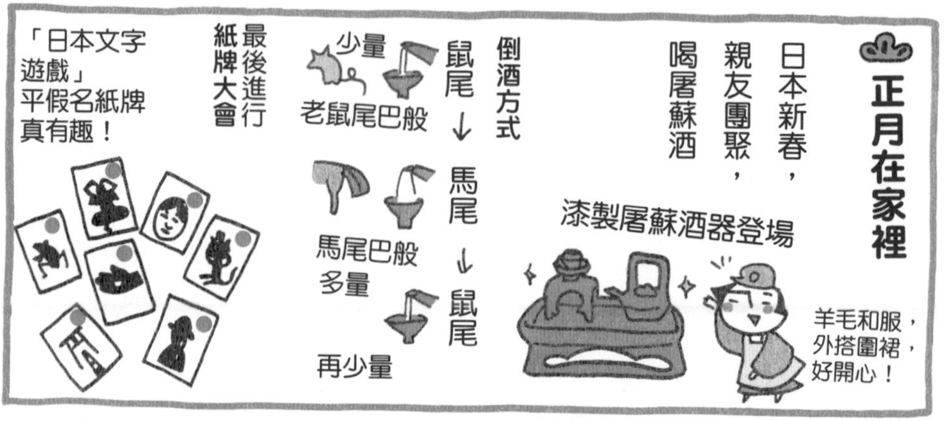
正月在家裡
日本新春，親友團聚，喝屠蘇酒
倒酒方式
鼠尾
少量
老鼠尾巴般
馬尾
馬尾巴般
多量
鼠尾
再少量
漆製屠蘇酒器登場
羊毛和服，外搭圍裙，好開心！
最後進行紙牌大會
「日本文字遊戲」平假名紙牌真有趣！

*註：「帶留」是綁在和服腰帶外圍的繩子（帶締）上的飾品。

一月初詣
時尚風
戴耳環，領子有飾品
帶留的吉祥飾品，包括：日出、鶴、扇子，是正月的重點！
和服顏色搭配腰帶，營造統一風格
黑色手拿包與披肩，收斂整體
白×紅×黑時尚顏色組合
古典花紋
華麗風
髮飾與根付*都以垂穗來加強
古典風和服與腰帶，都是龜甲紋
烏龜
鶴
龜鶴組合代表喜慶

*註：「根付」原本是日本古代掛在男性印籠（裝印泥的容器）或隨身錦囊的裝飾，現已成為和服的吊飾，長得像手機吊飾。通常裝飾於腰帶上方。

二月和服小物
梅花簪子，黃銅的顏色很像古董，美極了
兩個簪子都是在金魚工房購得
七寶燒的梅花耳環
情人節，戴上自己手作的心型根付
加上串珠的胸針夾
很像巧克力
LOVE
發出彩虹光芒的心型水晶
二月的活動
~歌舞伎座~
・節分——立春前一天，演員會進行撒豆驅魔儀式
給
拿到的豆子
二樓座位區會有工作人員來發送豆子
・初午祭＊
參拜歌舞伎座的稻荷明神
那天一直關著的門會打開，神就在裡面！
閃亮
請進
喔
然後招待供神的酒與紅豆湯
~淺草 妖怪~
藝者扮裝的節分活動，一邊吃飯，一邊欣賞舞蹈及戲劇
老店「草津亭」的外送便當好好吃！
惡五舞
自古流傳下來的舞蹈，很有趣❤
手舞足蹈
惡
女僕打扮成小狗
也有流行的裝扮
看這裡，汪汪
還有
花魁造型

＊註：「初午祭」每年農曆二月的第一個午日，會在稻荷神社舉行祭典活動。

## 二月 節分&情人節

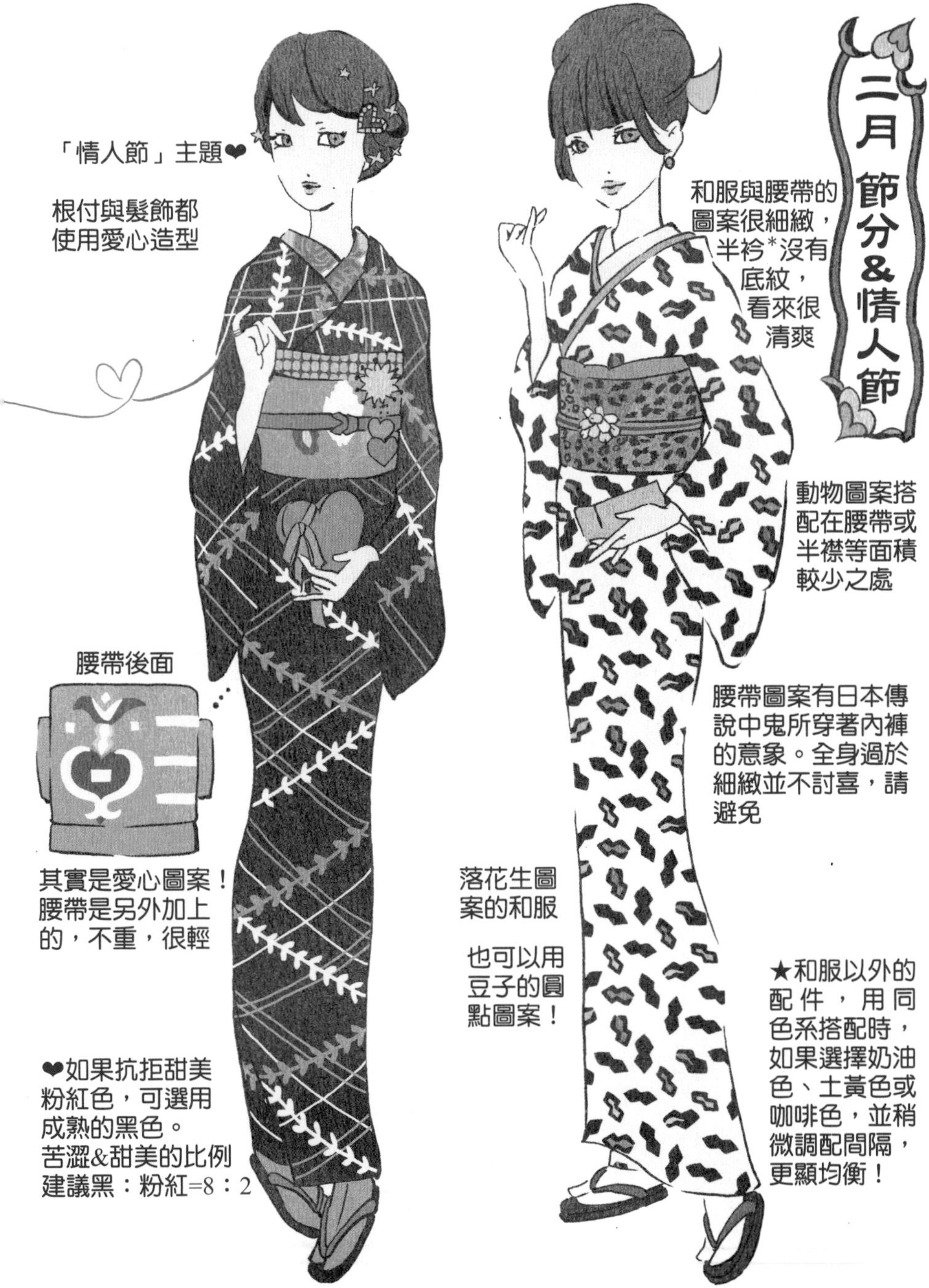
「情人節」主題❤
根付與髮飾都使用愛心造型
腰帶後面
其實是愛心圖案！腰帶是另外加上的，不重，很輕
❤如果抗拒甜美粉紅色，可選用成熟的黑色。苦澀&甜美的比例建議黑：粉紅=8：2
和服與腰帶的圖案很細緻，半衿*沒有底紋，看來很清爽
動物圖案搭配在腰帶或半襟等面積較少之處
腰帶圖案有日本傳說中鬼所穿著內褲的意象。全身過於細緻並不討喜，請避免
落花生圖案的和服
也可以用豆子的圓點圖案！
★和服以外的配件，用同色系搭配時，如果選擇奶油色、土黃色或咖啡色，並稍微調配間隔，更顯均衡！

*註：半衿，縫在襦袢領口的長方布條，長度為領口的一半。

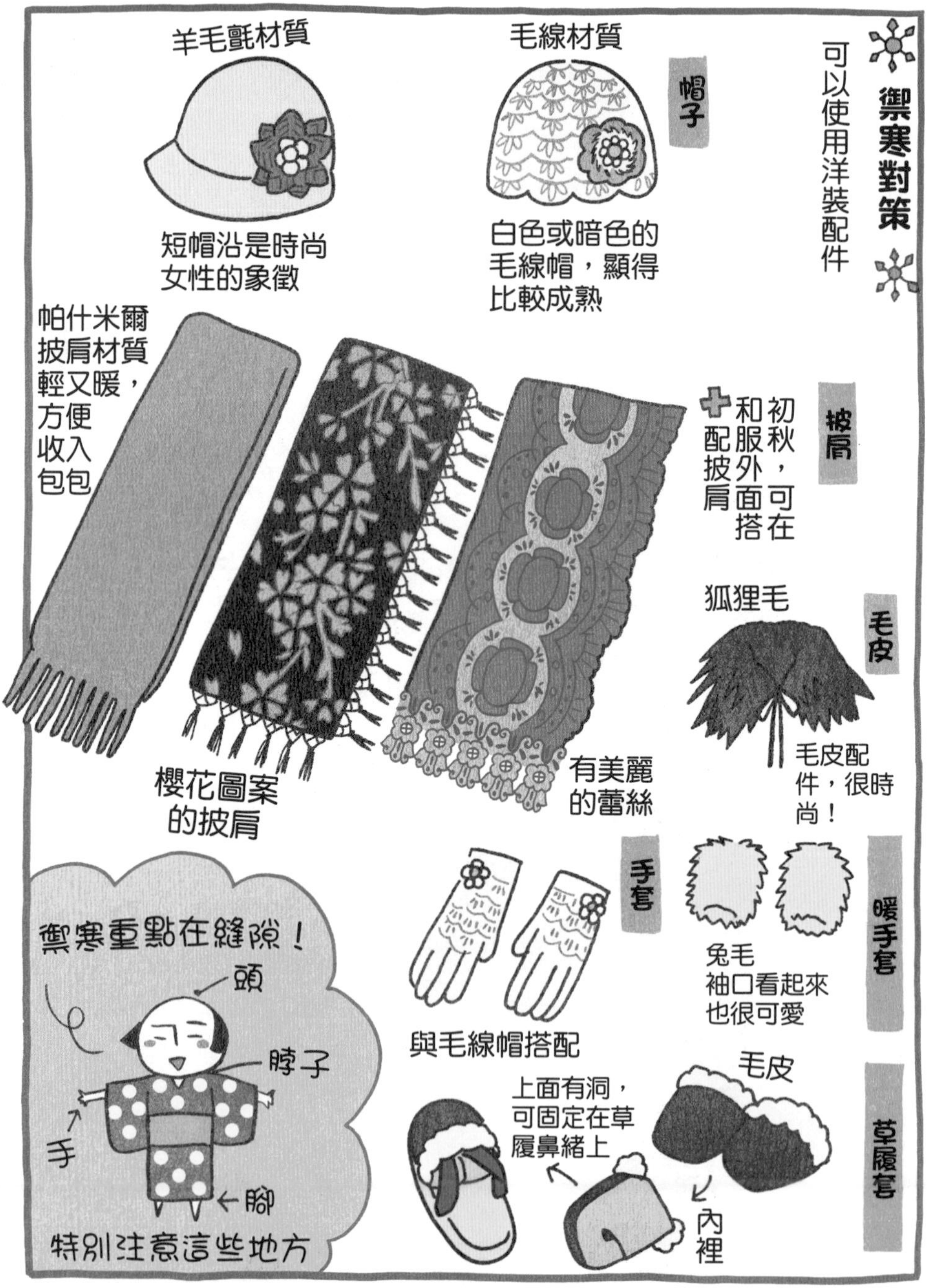
禦寒對策
可以使用洋裝配件
帽子
羊毛氈材質
短帽沿是時尚女性的象徵
毛線材質
白色或暗色的毛線帽，顯得比較成熟
披肩
初秋，可在和服外面搭配披肩
帕什米爾披肩材質輕又暖，方便收入包包
櫻花圖案的披肩
有美麗的蕾絲
毛皮
狐狸毛
毛皮配件，很時尚！
手套
與毛線帽搭配
暖手套
兔毛
袖口看起來也很可愛
草履套
毛皮
上面有洞，可固定在草履鼻緒上
內裡
禦寒重點在縫隙！
頭
脖子
手
腳
特別注意這些地方

# 冬裝

女孩風
在豆千代時尚館購得喀什米爾外套，輕又暖❤
領子與袖口以毛皮裝飾，令人驚艷
新買的，最近常穿
搭配七零年代小牛皮手拿包，顯得很古典！
海軍風外套
羊毛外套，搭配毛線帽和手套
在二手用品店，偶爾會找到特別的外套
冬
秋
浪漫風
玫瑰編織圖案的棉絨外套
冷的時候披上毛皮
披肩也有玫瑰圖案
斗篷
絨毛耳罩與和服很搭
洋裝的斗篷式外套，可以搭配和服❤
由於斗篷是洋裝，領子開口較窄，可用胸針調整

三月和服小物
春天蝴蝶風
編織項鍊
髮夾
蕾絲是在豆千代時尚館
購得，附使用說明書
FURIFU販售
女神圖案的帶留
尾戒
acca簪子
次頁右圖的半幅帶* 腰帶，
是豆千代的手作品：
mirage of mamechiyo
蝴蝶與水鑽，緊緊抓住少女心

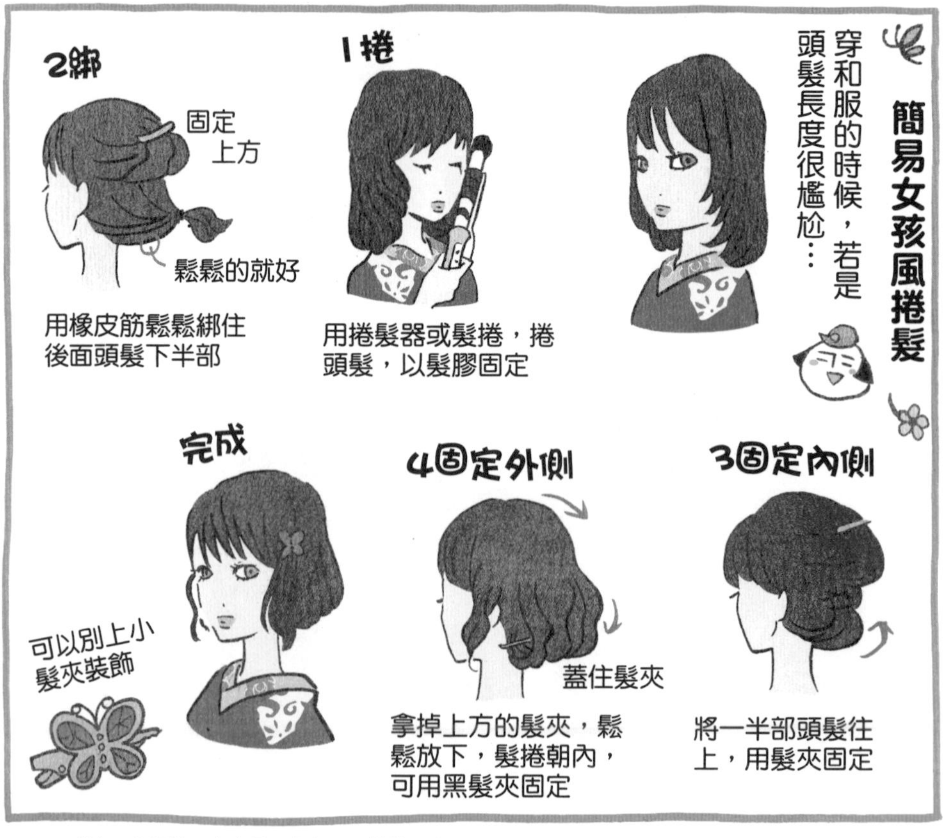
簡易女孩風捲髮
穿和服的時候，若是頭髮長度很尷尬…
1捲
用捲髮器或髮捲，捲頭髮，以髮膠固定
2綁
固定上方
鬆鬆的就好
用橡皮筋鬆鬆綁住後面頭髮下半部
3固定內側
將一半部頭髮往上，用髮夾固定
4固定外側
蓋住髮夾
拿掉上方的髮夾，鬆鬆放下，髮捲朝內，可用黑髮夾固定
完成
可以別上小髮夾裝飾

*註：半幅帶，寬度是正常和服腰帶的一半。

三月雛祭
少女風
和服領子加上蕾絲，營造華麗感
木槿外掛
若外掛的長度較長，給人一種古典的印象
♠和服沉靜的藍紫色，突顯外掛的天藍色
腰帶與帶留的主題都是女神
洋花*2圖案織錦的和服。會由光線角度呈現花樣。無底紋。
貝合外掛（貝殼圖案）
外掛相當於洋裝的開襟羊毛衫，室內穿也OK！
❤粉橘色和紫色。是少女的顏色。
用紫色系的紫紅來搭配粉紅
蕾絲的足袋*1可搭配少女風裝扮

*註1：足袋，草履專用的襪子，拇趾與其他四趾分開。
*註2：洋花，相對於日本花而言的外來種。

*註1：櫻葉餅，櫻花葉子包裹的糯米豆沙餡甜點。
*註2：遠山的金先生，以江戶町奉行・遠山金四郎景元為主角的日本時代劇。

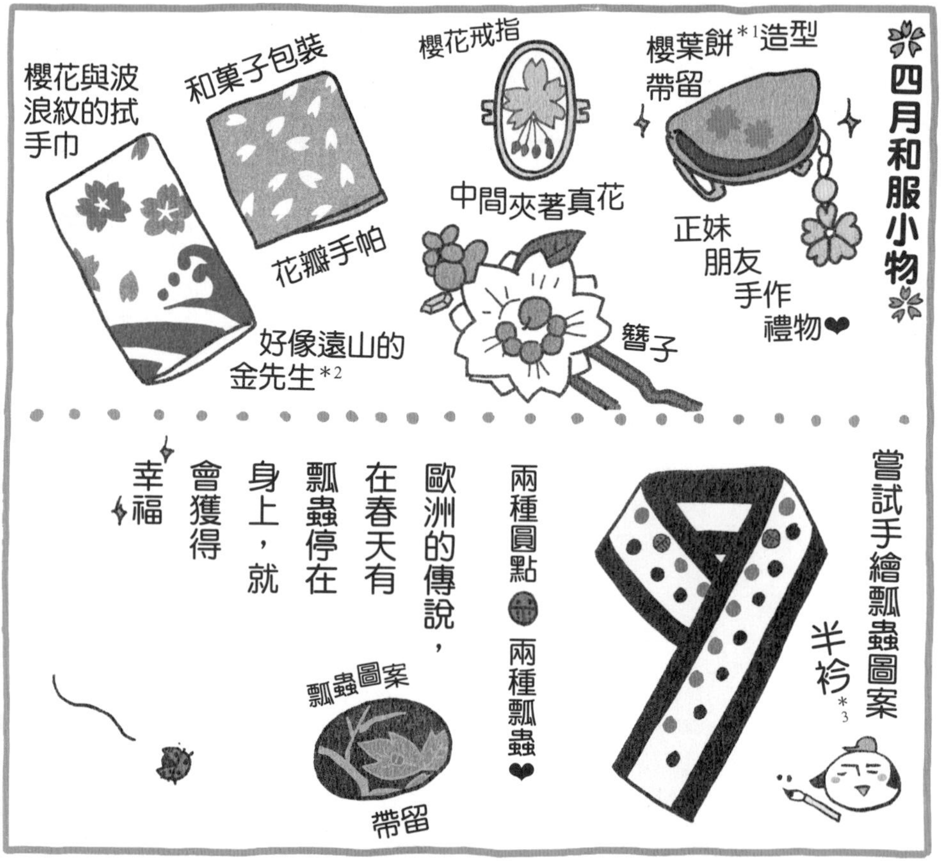
四月和服小物
櫻葉餅*1造型帶留
正妹朋友手作禮物❤
櫻花戒指
中間夾著真花
簪子
和菓子包裝
花瓣手帕
櫻花與波浪紋的拭手巾
好像遠山的金先生*2
嘗試手繪瓢蟲圖案
半衿*3
兩種圓點
兩種瓢蟲❤
歐洲的傳說，在春天有瓢蟲停在身上，就會獲得幸福
瓢蟲圖案
帶留

四月的活動
~賞花~
雖說是春天，外面依舊很冷，別忘了攜帶懷爐、圍巾來禦寒
BBQ裝備
因為怕冷，穿太多結果把和服全部遮住……
圍巾
圍裙
外套
在家裡偶然看到櫻吹雪，深受感動！
啊
工作中
還以為真的下雪了，原來是從前面公園飄過來的

*註3：半衿，縫在和服內襯的領口（衿），有領衿的作用，是長方形布條。長度為和服領子的一半，故得名。

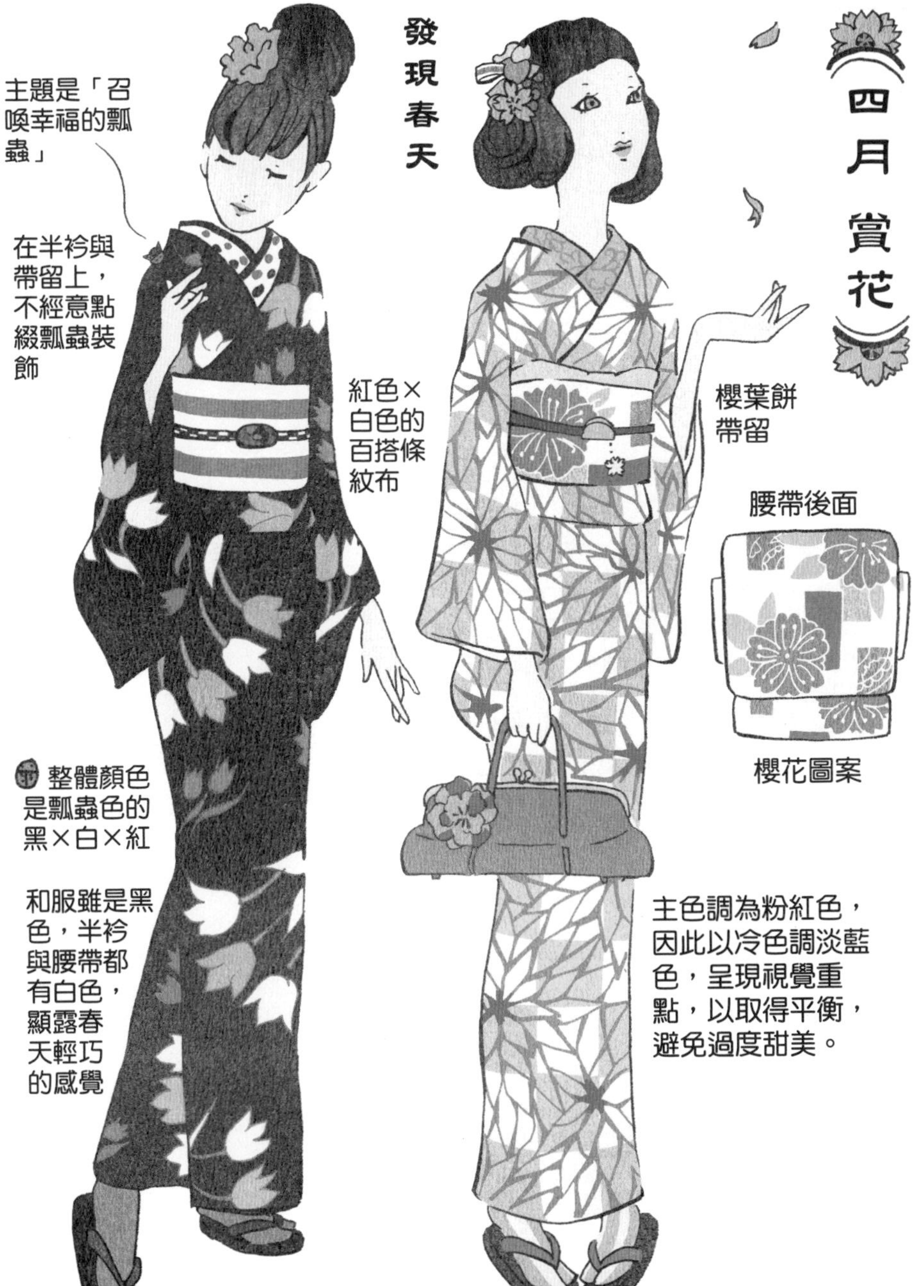
四月賞花
發現春天
主題是「召喚幸福的瓢蟲」
在半衿與帶留上，不經意點綴瓢蟲裝飾
紅色×白色的百搭條紋布
整體顏色是瓢蟲色的黑×白×紅
和服雖是黑色，半衿與腰帶都有白色，顯露春天輕巧的感覺
櫻葉餅帶留
腰帶後面
櫻花圖案
主色調為粉紅色，因此以冷色調淡藍色，呈現視覺重點，以取得平衡，避免過度甜美。

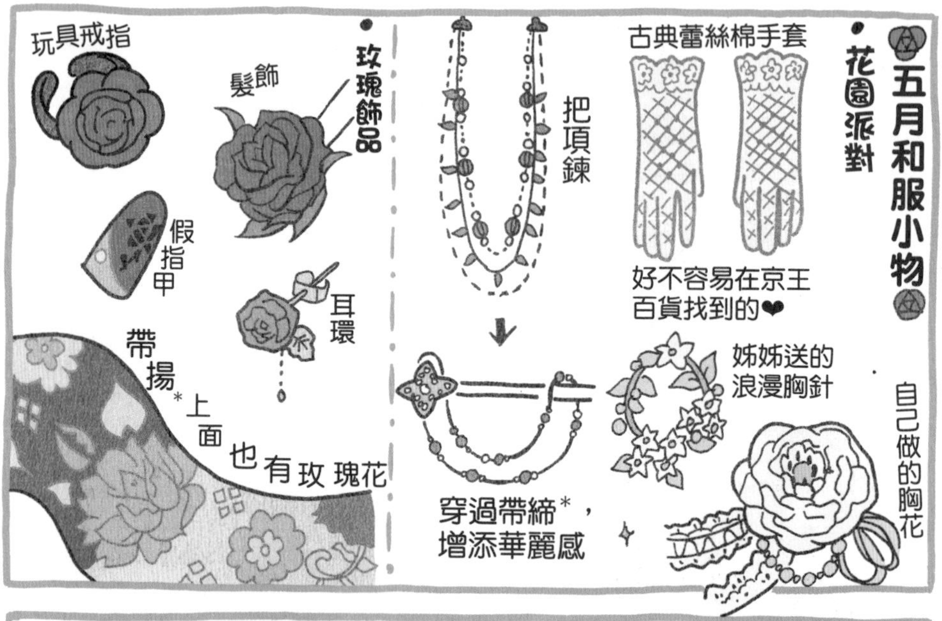
五月和服小物
花園派對
古典蕾絲棉手套
好不容易在京王百貨找到的❤
姊姊送的浪漫胸針
自己做的胸花
把項鍊
穿過帶締*，增添華麗感
玫瑰飾品
髮飾
玩具戒指
假指甲
耳環
帶揚*上面也有玫瑰花

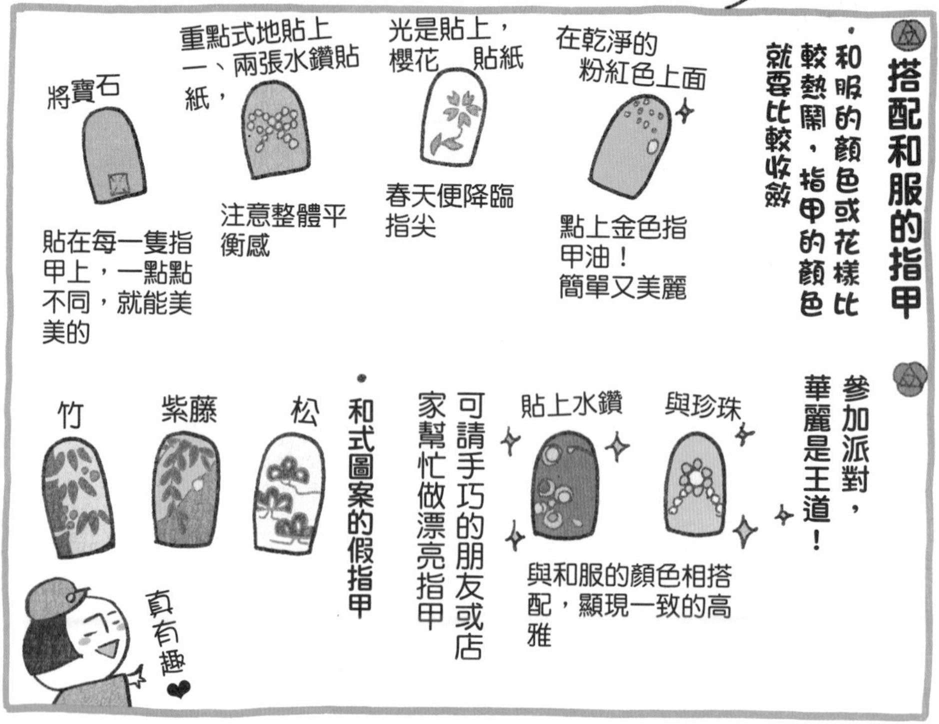
搭配和服的指甲
和服的顏色或花樣比較熱鬧，指甲的顏色就要比較收斂
在乾淨的粉紅色上面
點上金色指甲油！簡單又美麗
光是貼上，櫻花 貼紙
春天便降臨指尖
重點式地貼上一、兩張水鑽貼紙，
注意整體平衡感
將寶石
貼在每一隻指甲上，一點點不同，就能美美的
參加派對，華麗是王道！
貼上水鑽
與珍珠
與和服的顏色相搭配，顯現一致的高雅
可請手巧的朋友或店家幫忙做漂亮指甲
和式圖案的假指甲
松
紫藤
竹
真有趣❤

*註：帶締，綁在腰帶上面的粗繩。帶揚，腰帶上方露出一小截的淺色布料。

# 五月派對

夜光派對，打扮重點是
玫瑰
胸花、耳環、戒指、手指上，到處都是玫瑰花
搭配腰帶的玫瑰圖案，營造蝴蝶停留的意象
腰帶後面
清爽的玫瑰圖案
深綠與黑色的暗色系組合，視覺重點以紅色點綴，營造華麗感
和服是玫瑰的葉和莖
半衿是玫瑰花蕾
整體顏色傳達玫瑰的意象
花園派對
古典風和服，半衿選擇象牙色，比純白更適合
設計簡單的和服，以胸針點綴
配件可用蕾絲和珍珠裝飾，達成一致性的高雅氣質
腰帶後面
華麗的牡丹圖案
明亮的綠色×白色，溫柔的顏色

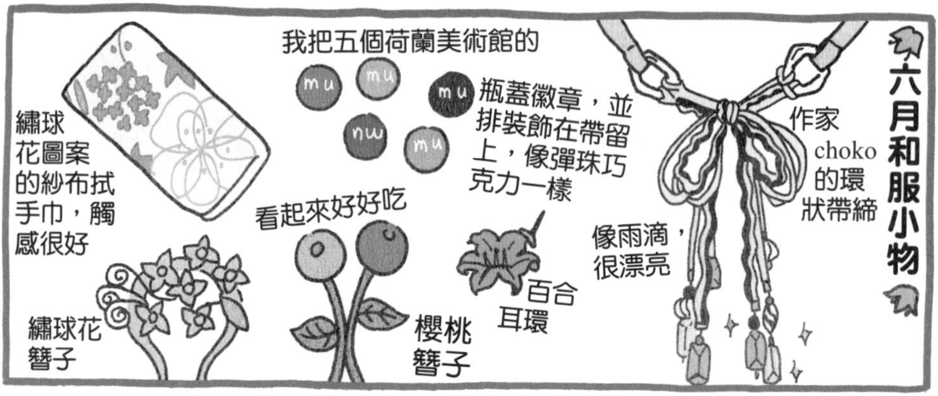
六月和服小物
繡球花圖案的紗布拭手巾，觸感很好
我把五個荷蘭美術館的瓶蓋徽章，並排裝飾在帶留上，像彈珠巧克力一樣
mu
作家choko的環狀帶締
看起來好好吃
像雨滴，很漂亮
百合耳環
繡球花簪子
櫻桃簪子

搭配和服的手提包
穿著一般和服，可以使用形式和材質比較特別的洋裝用包包
七零年代小牛皮手提包
刻有玫瑰圖案的皮革手提包，金屬零件很可愛
把手部分是竹子
形狀別緻的「山口小夜子」設計款皮革手提包
越南刺繡包
美國製環保包
在衣帽間脫下外套，可用環保包收納
和風圖案？迷幻風？
變成久留米女孩
久留米絣*藏藍色白點花布漸層手提包
B4資料夾也放得進去！工作旅行兩相宜

*註：久留米，日本福岡縣南部地名，「久留米絣」是當地的傳統工藝，一種藍底白花紋綿布。

# 六月 梅雨

雨停了
人造纖維的和服，雨天完全不擔心弄溼！
如果是黑色底，髒汙更不顯眼
黑色底的和服，搭配明亮色系的腰帶與半衿
綠色×黃色看起來明亮又清爽
足袋的花紋即使有髒汙也不容易顯現
呈現雨水流動感的和服
主角是如雨滴般閃閃發亮的帶締。為了襯托主角，腰帶是素色的
和服的圓點是粉紅色，與帶揚的顏色相襯
淡淡的粉紅色點綴在整體藏青冷色調，可產生柔和感
半衿、帶揚、足袋的圓點，看起來好像雨滴

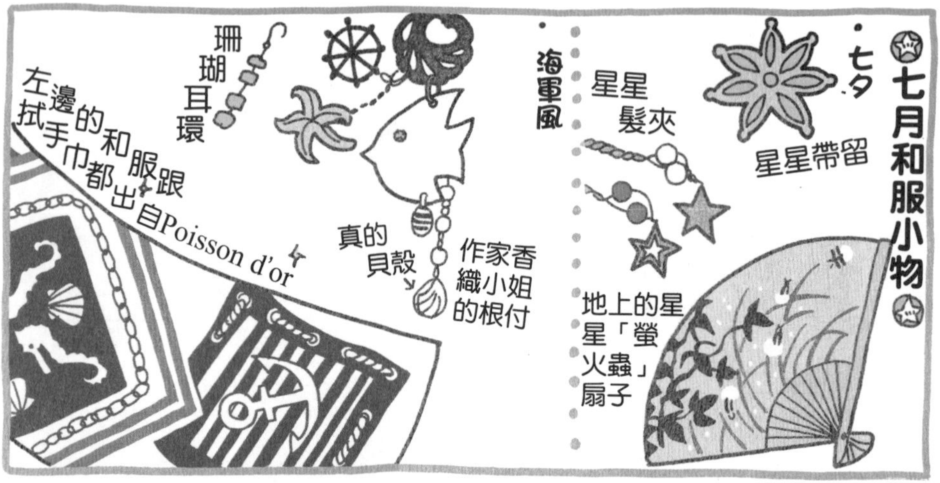

七月和服小物
・七夕
星星帶留
星星髮夾
地上的星星「螢火蟲」扇子
・海軍風
珊瑚耳環
作家香織小姐的根付
真的貝殼
左邊的和服跟拭手巾都出自Poisson d'or


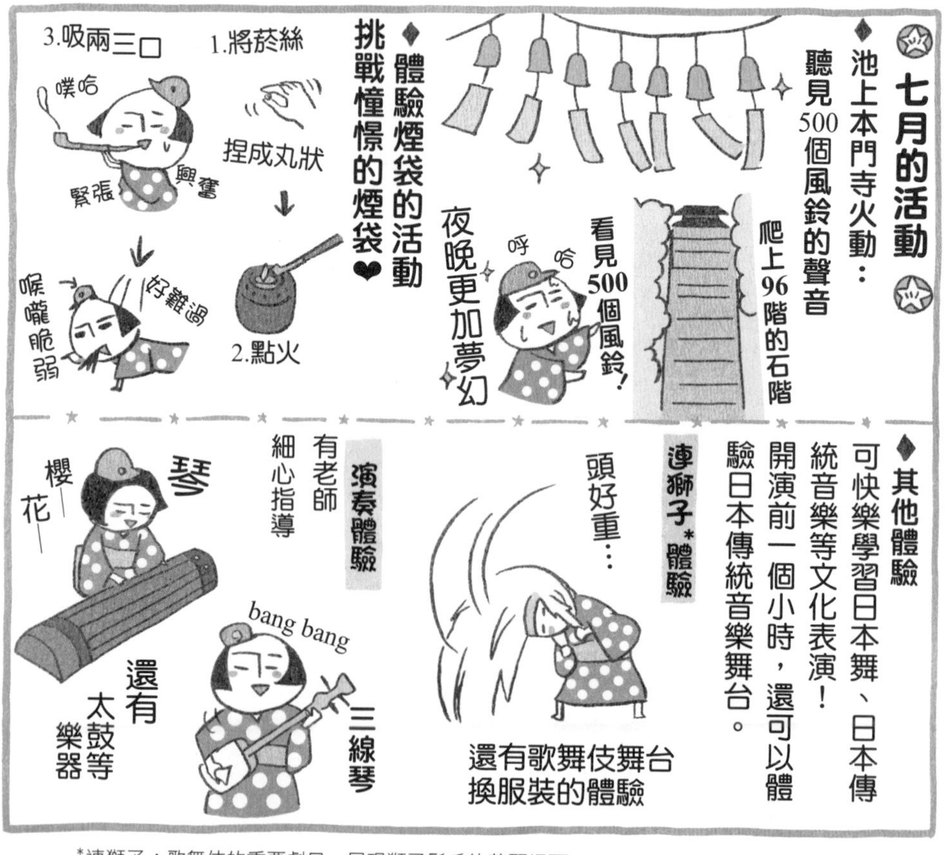

七月的活動
◆池上本門寺火動：聽見500個風鈴的聲音
爬上96階的石階
看見500個風鈴！
呼
哈
夜晚更加夢幻
◆體驗煙袋的活動
挑戰憧憬的煙袋❤
1.將菸絲
捏成丸狀
2.點火
3.吸兩三口
噗哈
緊張
興奮
喉嚨脆弱
好難過
◆其他體驗
可快樂學習日本舞、日本傳統音樂等文化表演！開演前一個小時，還可以體驗日本傳統音樂舞台。
連獅子*體驗
頭好重…
還有歌舞伎舞台換服裝的體驗
演奏體驗
有老師細心指導
琴
櫻花—
bang bang
三線琴
還有太鼓等樂器


*連獅子：歌舞伎的重要劇目，展現獅子鬃毛的華麗場面

七月 七夕
主題是「海軍風」
★七月到八月，換穿夏季和服。除了和服，其他物品也要換成夏天專用
根付也是海軍主題
和服是白色×藍色×紅色三色調簡單的款式，一件就能代表「夏天」
拭手巾也可以用來蓋在手提包上面
左邊是布料新材質西奧α，右邊是麻。兩種都可以在家自己洗，具快乾性，夏天最強！
和服的圖案雖然鮮豔，但底色是暗淺駝色，用黑色的腰帶襯托
帶揚與帶締，以鮮明的藍紅色營造對比
繡球花、菖蒲、牽牛花、紅瞿麥
秋天七草從初夏至夏天結束，一幅百花撩亂的景致

八月和服小物
簪子
夏天就是要搭配透明感，顯出涼爽♦
與白熊帶留一樣，都是作家香織小姐的作品
豆千代時尚館購得
拭手巾
涼爽感的白熊圖案
帶留
香香的凌霄花扇子
水墨畫家土屋秋恆先生的設計

陽傘
穿和服撐陽傘，雖然涼爽，但是夏日的和服就是要
搖滾!
即便很熱，也要表現涼快的模樣
風一吹，就很涼……
簡潔有力的「龍紋」！是朋友夫妻送的
呵
呵呵
夏日和服才是最高級的時尚
氣勢
小鳥刺繡
冷氣對策
還要注意
把大的薄披肩放入手提包。一些劇場等地方是很冷的…
隆
好冷
咻咻

# 八月 盛夏

深藍與淡藍的搭配很清爽
白熊帶留，看起來很涼爽
藍色×白色和服，用紅色的互補色腰帶，凸顯顏色的強弱對比
繡上串珠的半衿流露涼意，感覺很舒服
銀色的手提包，反射夏日陽光，閃閃發光，很漂亮
桔梗與圓點圖案的夏召*和服
有許多古典夏季和服，在設計和顏色上都很有魅力
荻與桔梗圖案的喬琪紗和服

*註：夏召，一種薄而透明的高級絲綢。

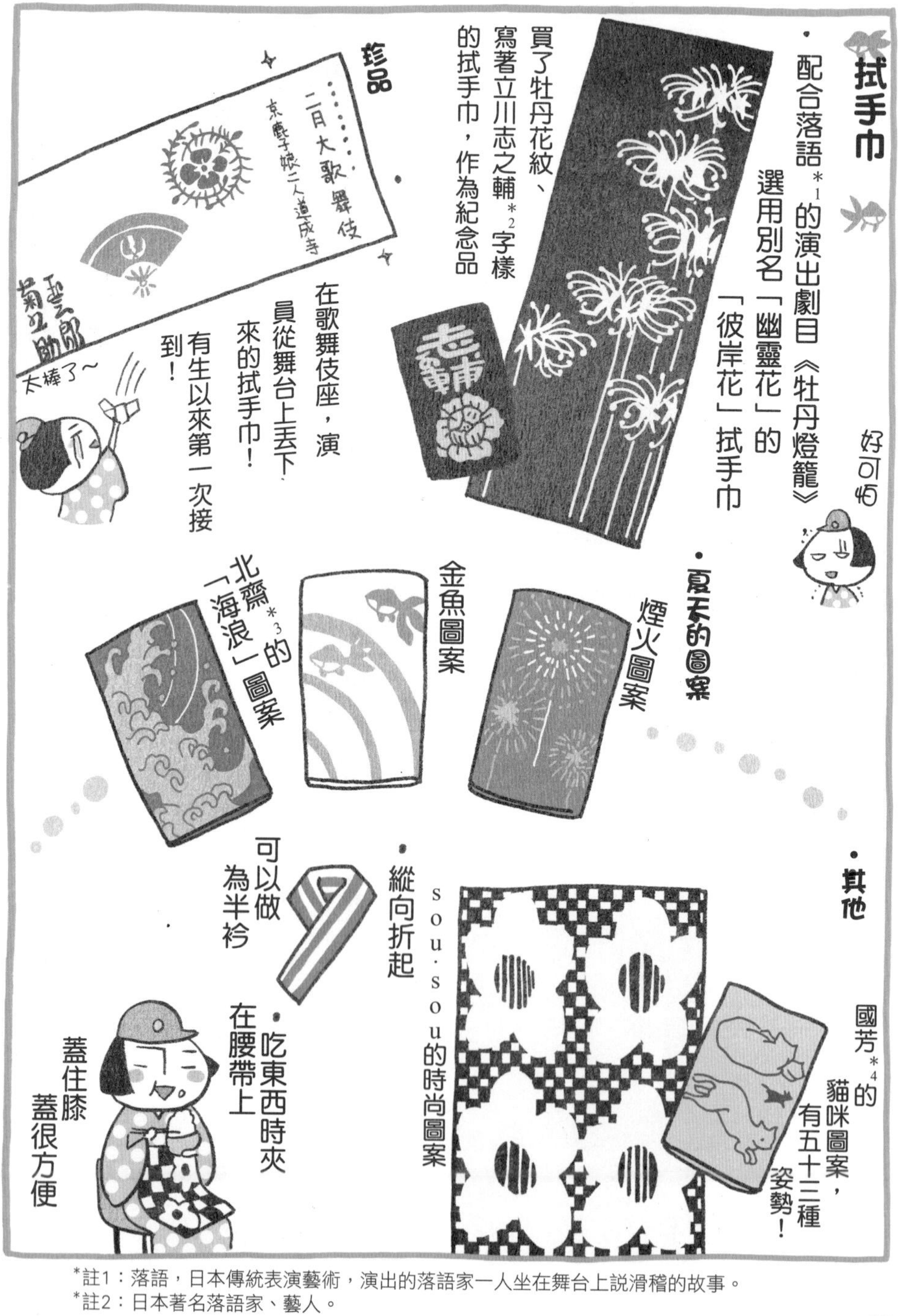
拭手巾
・配合落語*1的演出劇目《牡丹燈籠》
選用別名「幽靈花」的
「彼岸花」拭手巾
好可怕
買了牡丹花紋、
寫著立川志之輔*2字樣
的拭手巾，作為紀念品
珍品
二月大歌舞伎
京鹿子娘二人道成寺
玉三郎
菊之助
在歌舞伎座，演員從舞台上丟下來的拭手巾！
有生以來第一次接到！
太棒了～
・夏天的圖案
煙火圖案
金魚圖案
北齋*3的「海浪」圖案
・其他
國芳*4的貓咪圖案，有五十三種姿勢！
sou·sou的時尚圖案
・縱向折起
可以做為半衿
・吃東西時夾在腰帶上
蓋住膝蓋很方便

*註1：落語，日本傳統表演藝術，演出的落語家一人坐在舞台上說滑稽的故事。
*註2：日本著名落語家、藝人。

# 浴衣一

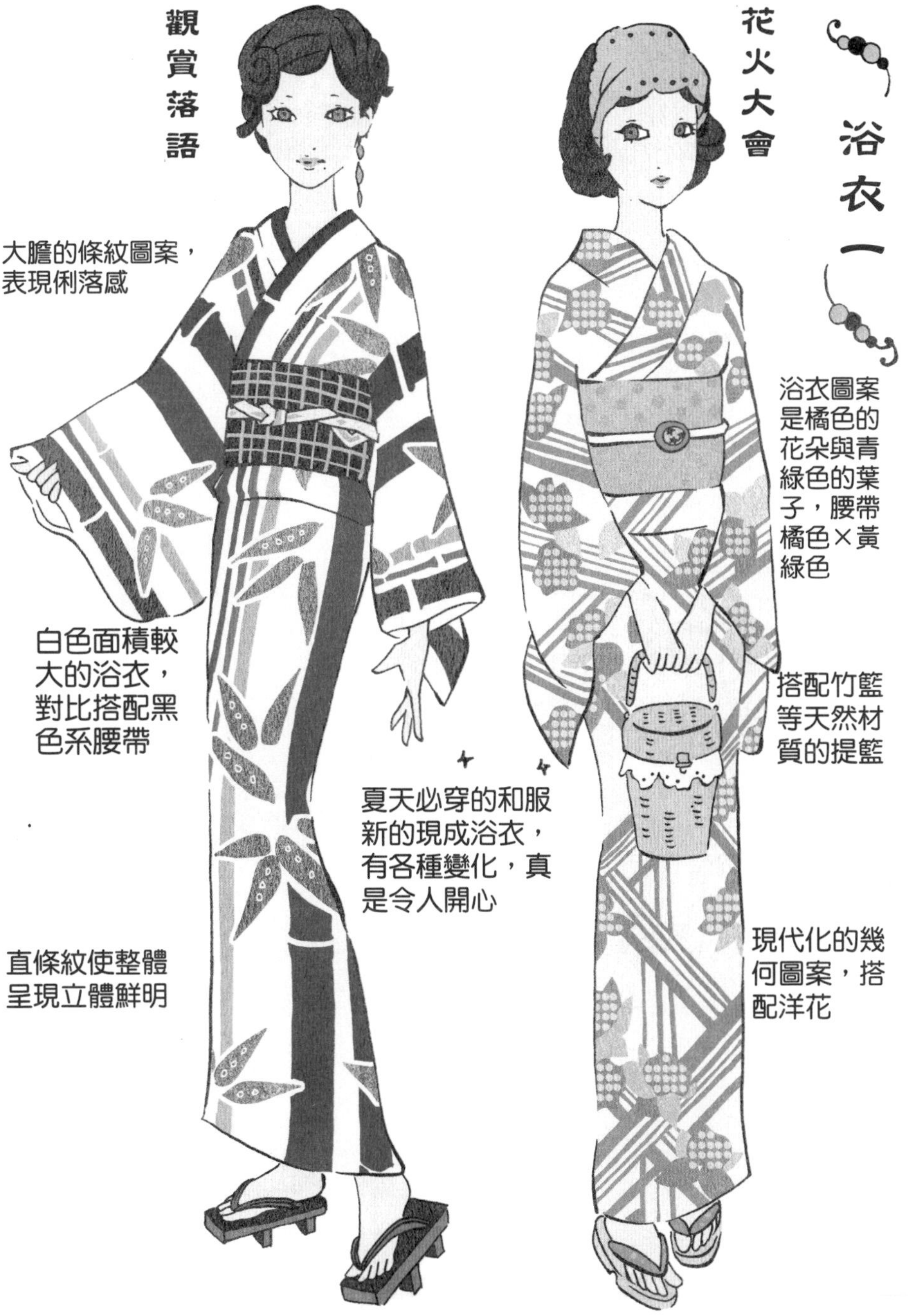
觀賞落語
花火大會
大膽的條紋圖案，表現俐落感
白色面積較大的浴衣，對比搭配黑色系腰帶
直條紋使整體呈現立體鮮明
夏天必穿的和服新的現成浴衣，有各種變化，真是令人開心
浴衣圖案是橘色的花朵與青綠色的葉子，腰帶橘色×黃綠色
搭配竹籃等天然材質的提籃
現代化的幾何圖案，搭配洋花

*註3：葛飾北齋（1760~1849），日本江戶時代後期著名浮世繪師。
*註4：歌川國芳（1798~1861），日本江戶時代後期著名浮世繪師。

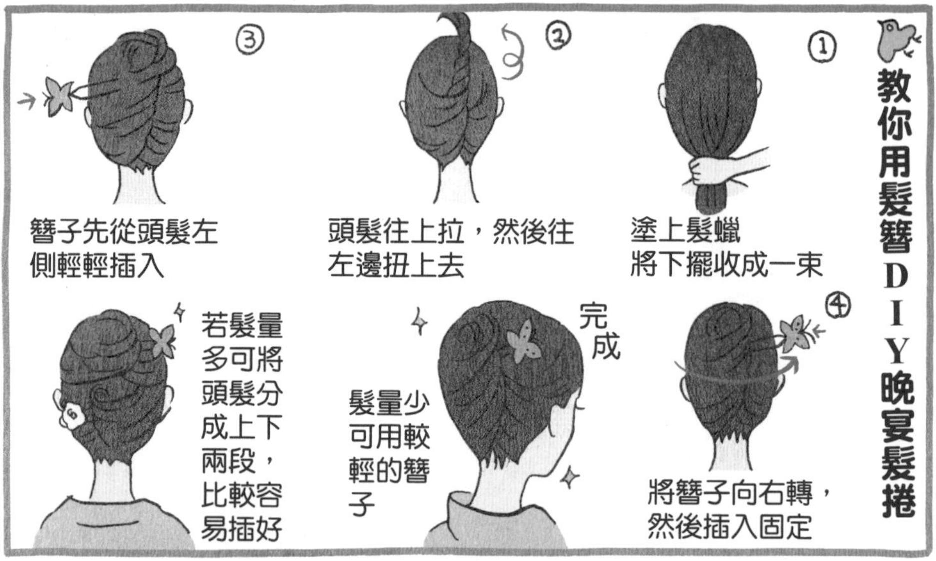
教你用髮簪DIY晚宴髮捲
①
塗上髮蠟
將下擺收成一束
②
頭髮往上拉，然後往
左邊扭上去
③
簪子先從頭髮左
側輕輕插入
④
將簪子向右轉，
然後插入固定
完成
髮量少可用較輕的簪子
若髮量多可將頭髮分成上下兩段，比較容易插好

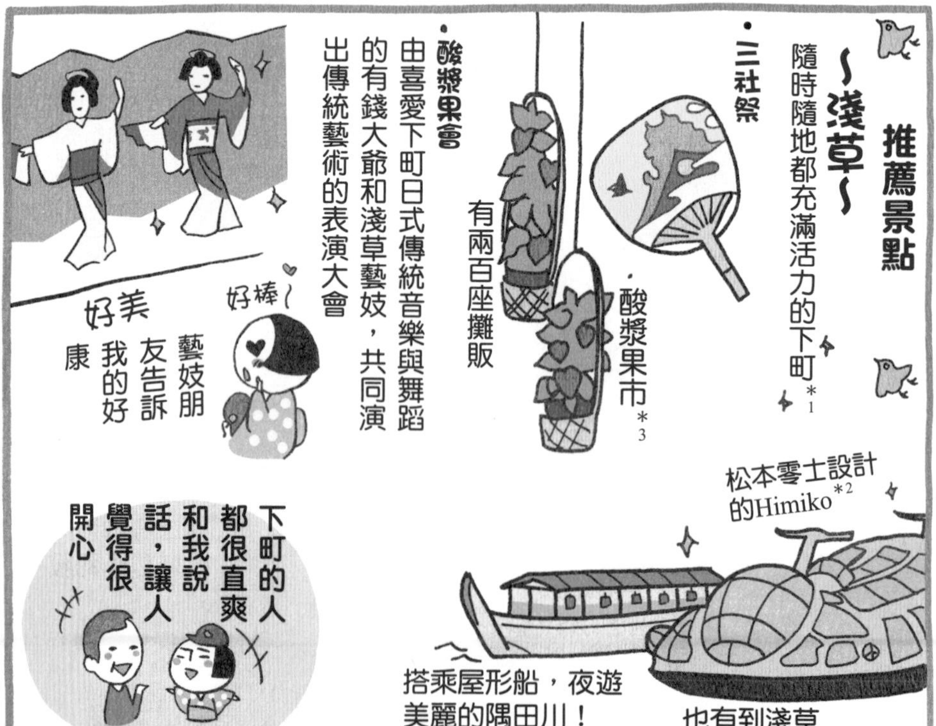
推薦景點
～淺草～
・三社祭
隨時隨地都充滿活力的下町*1
・酸漿果市*3
有兩百座攤販
・酸漿果會
由喜愛下町日式傳統音樂與舞蹈的有錢大爺和淺草藝妓，共同演出傳統藝術的表演大會
好美
好棒～
藝妓朋友告訴我的好康
下町的人都很直爽和我說話，讓人覺得很開心
松本零士設計的Himiko*2
也有到淺草
搭乘屋形船，夜遊
美麗的隅田川！

*註1：指一般人居住的地區。　*註2：東京觀光汽船。

*註3：於每年七月九、十日兩天，在東京淺草寺舉行的市集。

# 浴衣二

浴衣派對
提升派對熱烈感的「絹紅梅」浴衣
「絹紅梅」是一種細格紋織品
古典的浴衣袖子較長，搖曳飄動，很優雅
在「絹紅梅」內穿著襦袢*，變成夏季和服
漫步淺草
在風情萬種的街道，穿著硬挺、有花紋的深藍色浴衣
包包選古典造型，整體感覺一致
古典圖案浴衣，至今依舊生動美麗
深藍色的浴衣，搭配白色腰帶，很俐落
帶締的紅色與帶留的藍色，產生對比
別忘了保養後腳跟

*註：襦袢，穿在和服內，與和服同款式的像內衣的衣服。

九月和服小物
兔子
香織做的
拭手巾
搖晃的尾巴好可愛！
葡萄主題
充分運用珠寶盒內容物
復古風別針做成帶留
同色系葡萄色的耳環
把手環上的金屬配件取下，改穿在編織繩上
將項鍊墜飾穿過帶締，或製作成根付使用

九月的活動
～賞月～
十五夜
結合月亮信仰與收穫祭的活動
大家一起來參加賞月派對吧！
動工吧！
上新粉*～來了！
芒草與芋頭
大家分別帶來材料
呀—
大家都很隨興……只要15個，卻做了30個……
從上面開始數
1個
2個
4個
8個
把成品組成15個
哇！哇！
完成了
束袖帶
綁住袖子，不妨礙行動
一
二
三
綁起來
鏘
鏘


*註：上新粉是一種由白米磨成的粉，用以製作日式和果子。

## 九月 賞月

半衿與腰帶以咖啡色搭配，營造秋天氣息
葡萄花樣的帶留
粉紅色×咖啡色組合，給人溫柔的感覺
大波斯菊圖案，銘仙和服
銘仙是大正到昭和初期流行的織物和服
滿月圖案與兔子帶留，賞月氣氛濃厚
和服花樣很特別，腰帶選擇同色系，融為一體
天藍色與海軍藍，顏色好浪漫

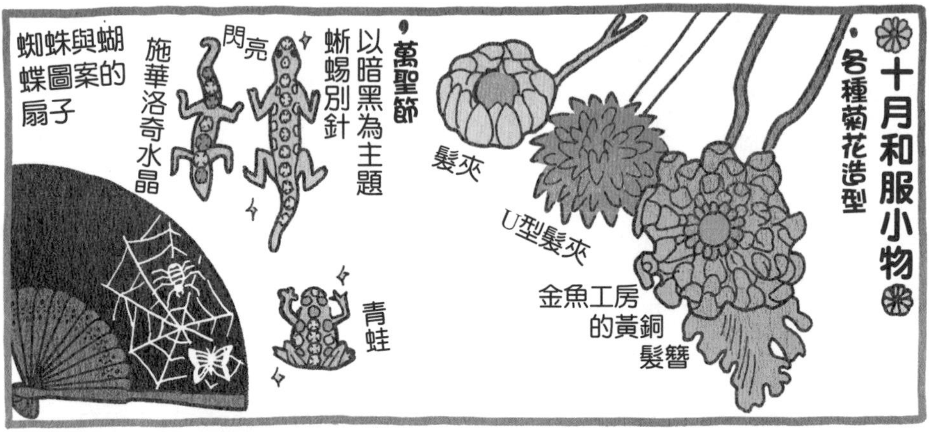
十月和服小物
‧各種菊花造型
髮夾
U型髮夾
金魚工房的黃銅髮簪
‧萬聖節
以暗黑為主題蜥蜴別針
閃亮
施華洛奇水晶
青蛙
蜘蛛與蝴蝶圖案的扇子

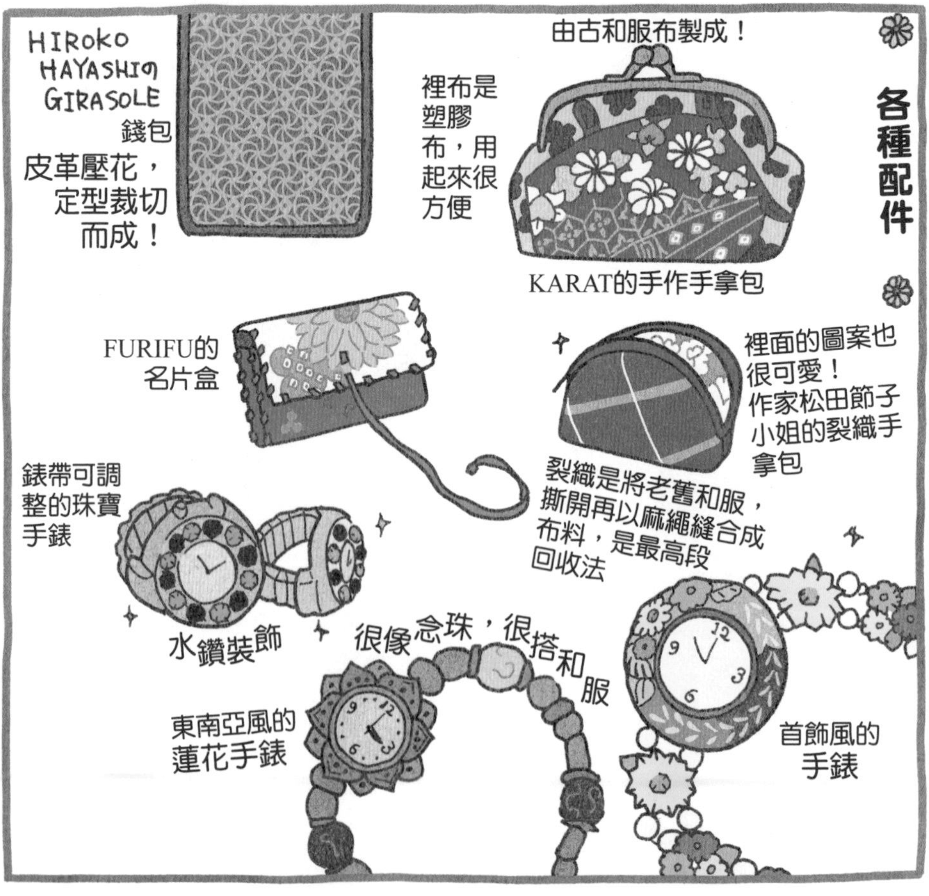
各種配件
由古和服布製成！
裡布是塑膠布，用起來很方便
KARAT的手作手拿包
HIROKO HAYASHIの GIRASOLE 錢包
皮革壓花，定型裁切而成！
FURIFU的名片盒
裡面的圖案也很可愛！作家松田節子小姐的裂織手拿包
裂織是將老舊和服，撕開再以麻繩縫合成布料，是最高段回收法
錶帶可調整的珠寶手錶
水鑽裝飾
很像念珠，很搭和服
東南亞風的蓮花手錶
首飾風的手錶

## 十月萬聖節

讀書季
眼鏡意外地很搭和服❤
駝色系和服，搭配咖啡色腰帶，帶締上的黃色，象徵秋天
菊花圖案的聚酯纖維和服
怕靜電的人，可在和服下襬噴「防靜電噴霧」，即可安心走動
萬聖節派對
半衿上面是水晶蜥蜴別針
腰帶整體以橘色×紫色呈現萬聖節顏色
重點在於，以看似不經意的主題構圖，營造成熟風格
黑×白條紋和服，隨意動作，很推薦！我是在豆千代時尚館購得
黑貓圖案的足袋

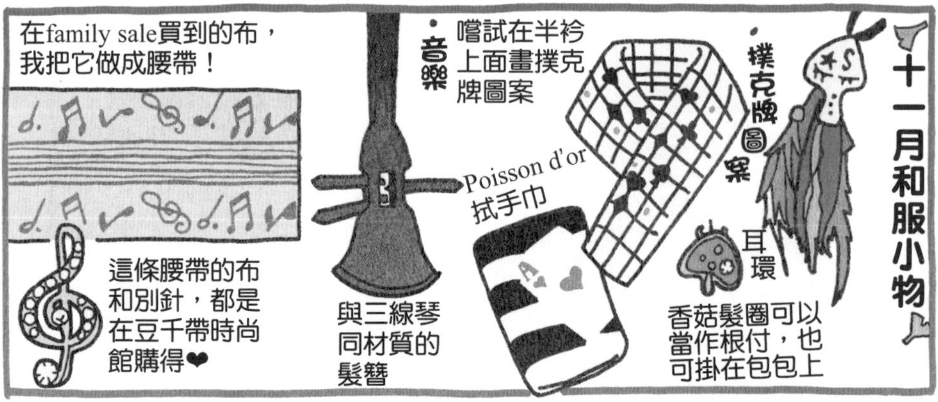

*註1：ほぼ日刊イトイ新聞，日本著名行事曆記事本網站，由作家糸井重里主持。
*註2：塔摩利，本名森田義一，日本著名搞笑藝人、廣播電視節目主持人。

十一月晚秋
參加演唱會
秋天的長夜裡
撲克牌
時尚的紅色×白色方格羊毛和服
帶揚用紅色補色「綠色」對比
薄的灰色腰帶可調整鬆緊
腰帶整體以音樂為主題
兩條帶締，顯現嶄新風格！再搭配大大尺寸的根付
小巧撲克牌圖案的羊毛和服
在簡單的手提包上，妝點季節感飾品，感覺大不同
羊毛很溫暖，容易保養，非常推薦！
掛著香菇與羽毛的飾品，其實是髮圈
和服的圖案較細密，為避免過於暗沉，半衿與帶揚以明亮的白色取得平衡

*註3：フジ子・ヘミング（Ingrid Fuzjko Hemming），活躍於日本與歐洲的著名鋼琴演奏家。
*註4：一種三線琴樂器。

十二月和服小物
・聖誕節
立顯華麗！
羽毛
大羽毛別在有花的髮箍上，在澀谷109購得！
雪結晶耳環
手工店買來的毛皮，當作帶揚！
將毛皮兩端穿過帶揚側邊！
最後塞入腰帶
聖誕風法國製耳環
北歐特產聖誕節花環，當成帶留
裝飾品也可以當成根付
湘南雜貨店購得

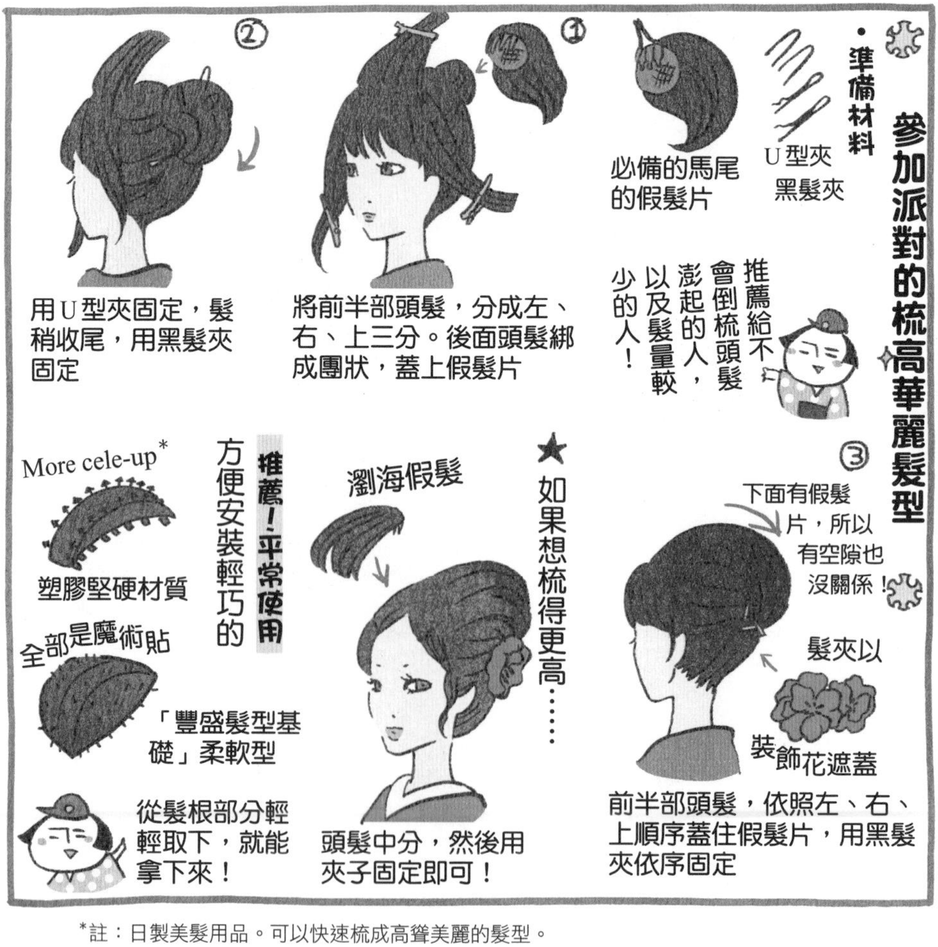
參加派對的梳高華麗髮型
・準備材料
U型夾
黑髮夾
必備的馬尾的假髮片
推薦給不會倒梳頭髮澎起的人，以及髮量較少的人！
①
將前半部頭髮，分成左、右、上三分。後面頭髮綁成團狀，蓋上假髮片
②
用U型夾固定，髮稍收尾，用黑髮夾固定
③
下面有假髮片，所以有空隙也沒關係！
髮夾以裝飾花遮蓋
前半部頭髮，依照左、右、上順序蓋住假髮片，用黑髮夾依序固定
★如果想梳得更高……
瀏海假髮
頭髮中分，然後用夾子固定即可！
推薦！平常使用
方便安裝輕巧的
More cele-up*
塑膠堅硬材質
全部是魔術貼
「豐盛髮型基礎」柔軟型
從髮根部分輕輕取下，就能拿下來！

*註：日製美髮用品。可以快速梳成高聳美麗的髮型。

十二月Xmas
Xmas派對
聖誕節色彩的紅色×綠色，加上金色銀色，營造華麗感
派對妝以濃豔為主
毛皮、聖誕節花環，展現聖誕風味
輕鬆的派對場合，搭配比平時更華麗的單品，瞬間產生差異！
時尚圖案的御召和服，御召是有皺褶與光澤的絲綢織品
由於深受將軍大人喜愛，因此命名為「御召」
想要打扮簡單，可以頭紗飾品作為裝飾
藍色和服繫著輕柔的粉紅色腰帶和桃紅色的帶締，整體搭配

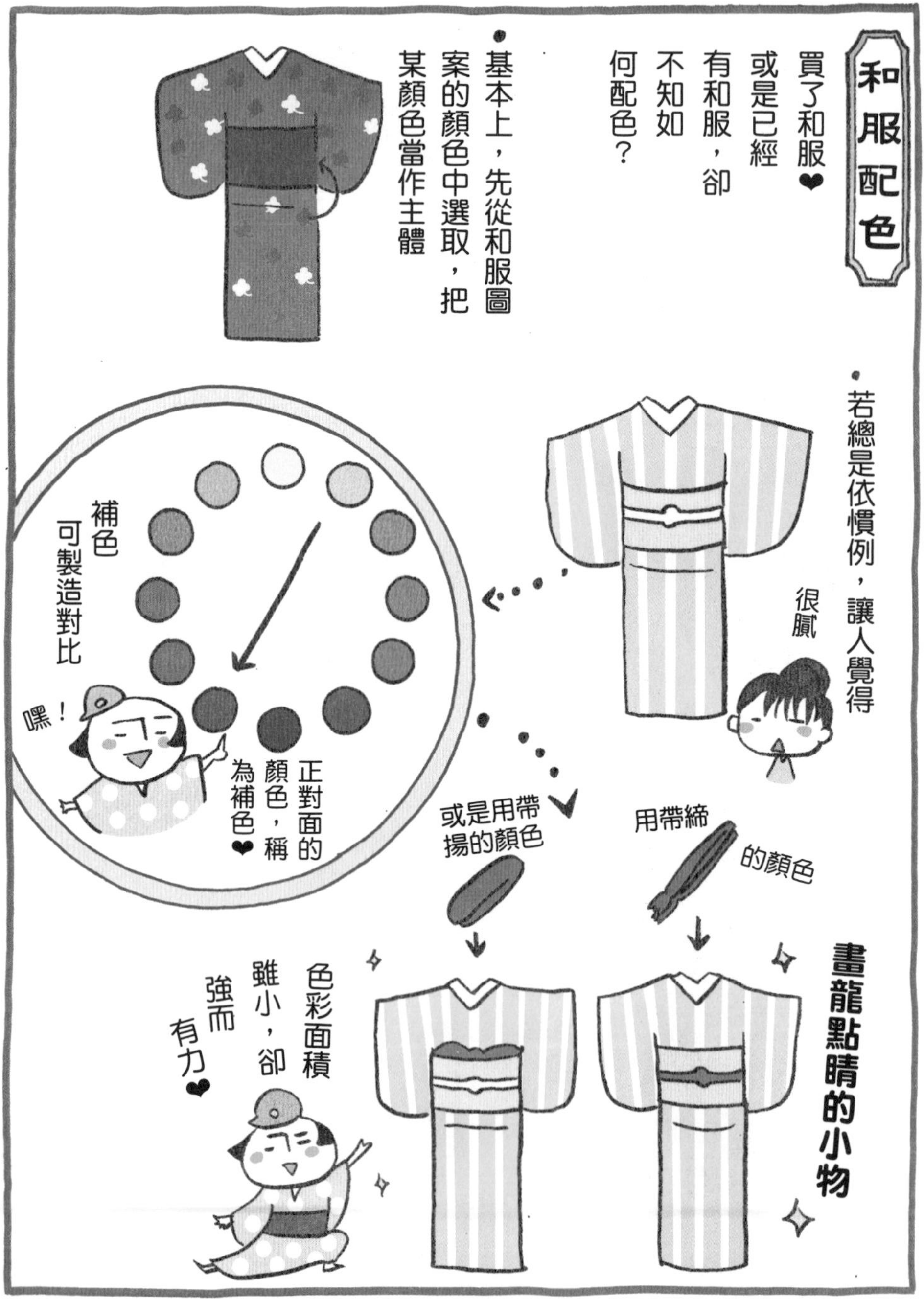
和服配色
買了和服❤
或是已經有和服，卻不知如何配色？
●基本上，先從和服圖案的顏色中選取，把某顏色當作主體
●若總是依慣例，讓人覺得
很膩
用帶締的顏色
或是用帶揚的顏色
畫龍點睛的小物
色彩面積雖小，卻強而有力❤
補色可製造對比
正對面的顏色，稱為補色❤
嘿！

和服的圖案雖然美麗

可是不知道為什麼，穿起來變得很土，你遇過這種情況嗎？

？
奇怪

很可能是因為色彩的明亮度或鮮豔彩度。雖然圖案華美，若明亮度或彩度較低，整體就會顯得暗沉

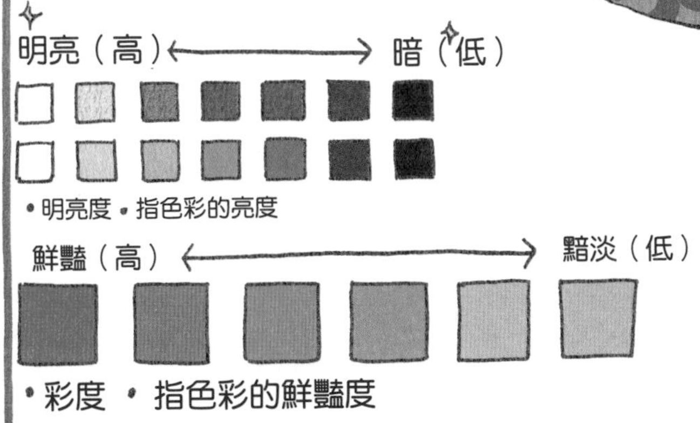
明亮（高）⟷暗（低）
•明亮度•指色彩的亮度
鮮豔（高）⟷黯淡（低）
•彩度•指色彩的鮮豔度

•明亮度低的和服，請用明亮的白色系腰帶

•彩度低的和服，請用鮮艷顏色的腰帶求平衡

樸素色調
&
鮮明色彩

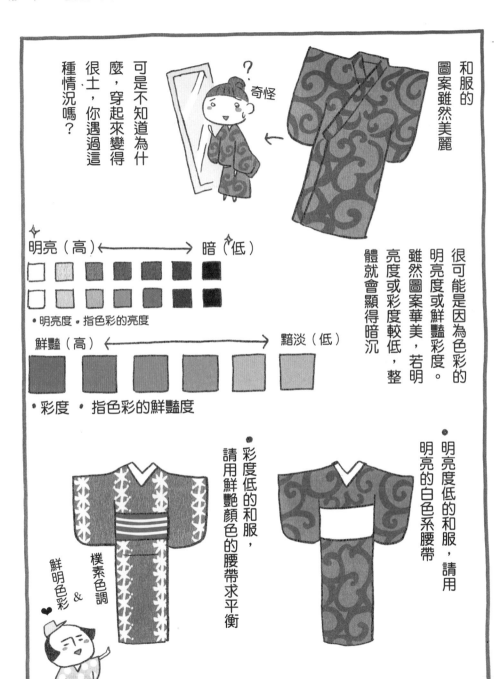

# 季節風圖案月曆

抱著輕鬆的心情，以帶留或裝飾品等小物開始，享受不同的季節風情吧♥

1月

松竹梅、鶴、寶船

2月

梅花、黃鶯、水仙

3月

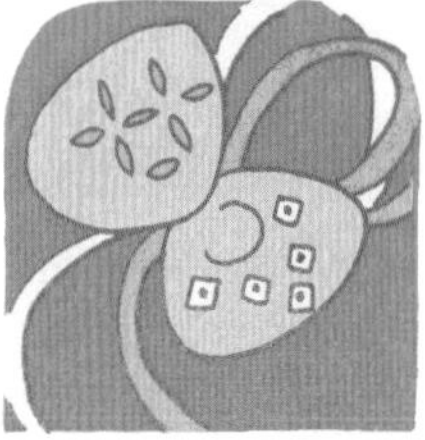

貝合、木槿、桃花

4月

櫻花、紫藤、鬱金香

5月

玫瑰、牡丹、燕子

6月

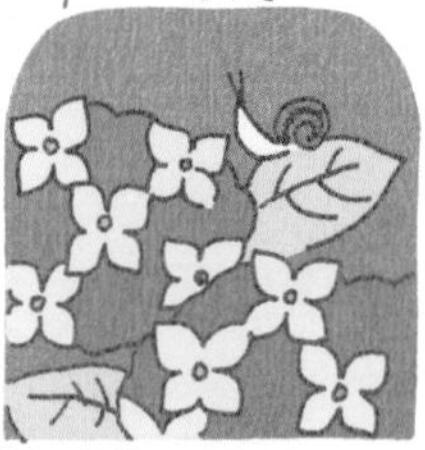

繡球花、櫻桃、百合

7月

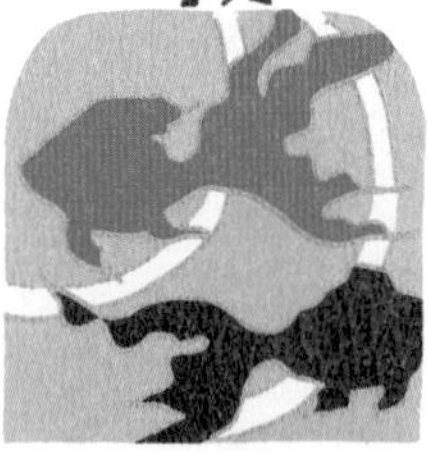

金魚、牽牛花、螢火蟲

8月

桔梗、紅瞿麥、秋草

9月

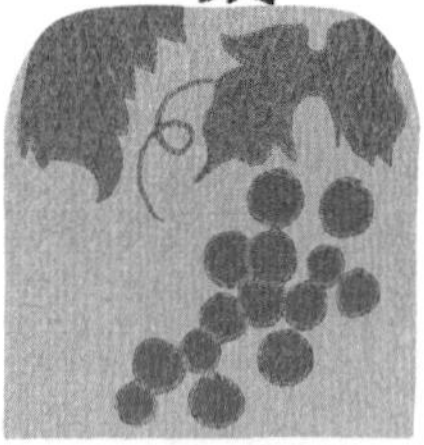

葡萄、大波斯菊、月亮

10月

菊花、紅葉、栗子

11月

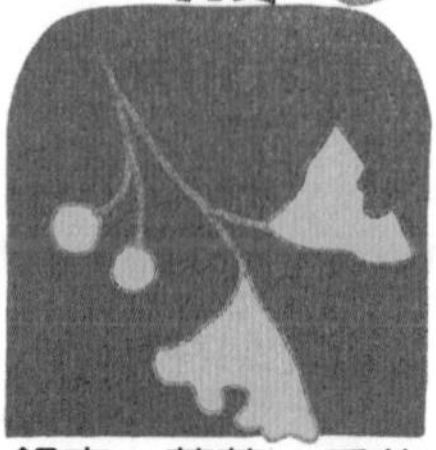

銀杏、落葉、香菇

12月

山茶花、冬青、鴛鴦

# 第二章
# 和服配件小物與收納清洗

**圓點圖案**

圓點代表星空或雪花等

# •和服小秘訣•

我也好想穿和服出門！…可是
我沒錢！
而且又完全不懂！
嚇
所以，麻煩妳啦❤
沒問題喔
禮物
謝謝
首先，關於和服的購買
Lesson1
第一件推薦的是平常穿的棉製衣和服
棉製和服
棉紗洋裝
等於是輕便的洋裝
好處是，清洗容易！
折疊
放入洗衣網
洗衣精
在家用洗衣機洗也OK！
不必擔心！這樣洗沒問題！
什麼

什麼！和服居然可以用洗衣機洗！
驚訝！
單衣的棉製品可以洗喔
沒錯！
？
單衣是什麼？
是指單眼皮嗎？
不是！
不對
單衣是指無內裡的和服
單衣
6月‧9月
袷
10月～5月
相對的
袷就是有內裡的和服
這麼說來，只有6月、9月能穿嗎？
出場次數好少～
若是棉製和服，在袷的季節穿也OK喔…
棉製和服可以輕鬆穿三季！
呀一呵
春‧秋‧冬
春‧秋
內衣
冬
冷的時候
外衣
外套
圍巾
依照季節變化，可搭配內衣與外衣來調整❤

棉製和服的種類很多
主要有
久留米白點花紋
片貝棉布*
伊勢棉布
其他還有丹寧布、西服布料等！
圖案
無分季節，都能穿
圓點
條紋
方格
菱形
大推幾何圖案❤
利用小物
增添季節感❤
棉製品不滑，很好穿著❤
推薦給不習慣穿和服的人
另外也推薦聚酯纖維和服，就算突然下雨也沒關係！
聚酯製作的袷，洗滌也OK
近來的聚酯質感很好！
圖案種類也很豐富喔❤
好可愛！
冬天，羊毛和服也很適合喔！
溫暖又舒適
聚酯和羊毛和服都可以在家自己洗。
千鳥紋
試著從平日穿著的便裝和服開始嘗試看看吧！
放輕鬆，愉快地開始吧！
好！

*註：片貝棉布，指新瀉縣小千谷市片貝町所生產的棉織品

## 棉製和服的穿搭變化

同一件和服，展現不同季節感

◆藍色×白色的時尚風◆
春
明亮黃色的腰帶很有春天風
半衿與和服同色系花紋，顯得很沉靜
初夏
白色的腰帶很清爽。藍白搭配看起來很涼快
重點在藍色串珠的帶留
半衿也是白色的，顯得很清爽
加上髮飾帶留的透明感，更顯清爽

片貝棉製和服

◆紅色底搭配白色圓點◆
秋
灰色與深綠色的腰帶很有秋意
把腰帶內面翻摺出來，讓深綠色成為重點
久留米白點花紋的和服
帶締與半衿用同一種顏色營造統一感
冬
加上黑色腰帶紅色X黑色看起來很溫暖
穿著暖色的內衣
半衿用暖色系的橙紅色

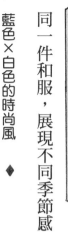

# ●腰帶小秘訣●

好痛苦
我在練習綁腰帶
幫幫我
哎呀
呀—
我對綁腰帶這件事很沒輒
果然好難喔
這個
也有簡單好綁的腰帶喔
半幅帶約為15cm X 3.8m
仔細看打結方式
文庫結*1
貝口結*2
繫好的襯布也能迴轉，真輕鬆！
先在前面打好結，再轉到後面去，輕鬆打好帶結。
這個是浴衣用的腰帶吧？
?
也可以用在平日穿著的和服上喔！
沒有季節相關圖案的半幅帶，基本上全年都能使用
對初學者來說，博多織、絲綢*3比較好綁喔❤
主要種類
博多織
彈性適中
棉製品
聚酯
這些是夏季限定的質地
麻
紗羅
網眼粗，有穿透感

*註1：文庫結，一種女性腰帶的打結法，結的形狀水平。
*註2：貝口結，一種男性腰帶的打結法，最為普遍。

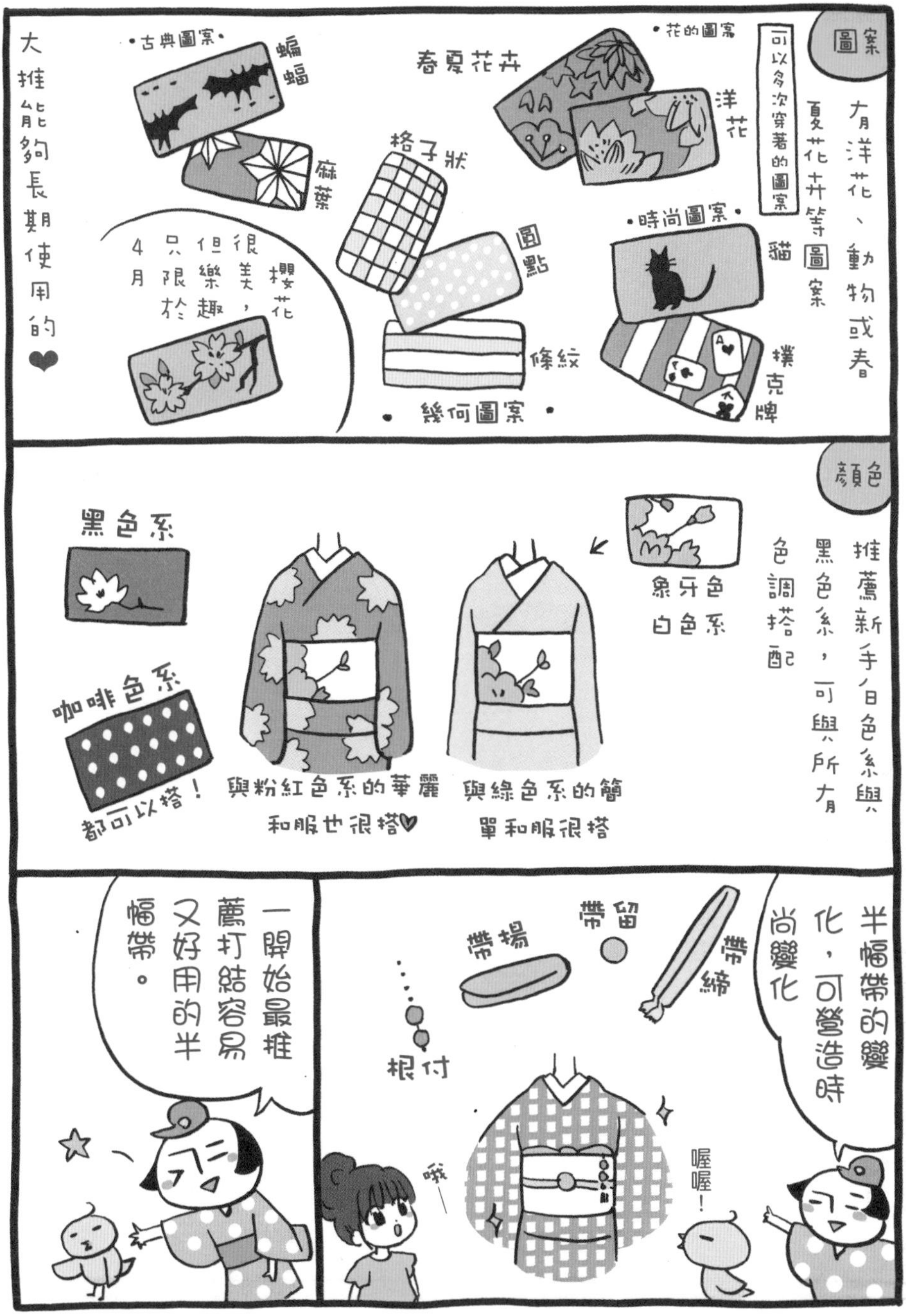


*註3：博多織，一種染色的絲織品，有獨特的彈性，不易鬆開，是博多地區特產。

## 腰帶周邊

帶揚與帶締可以用來繫名古屋帶*1。半幅帶也可以利用對比精彩呈現。

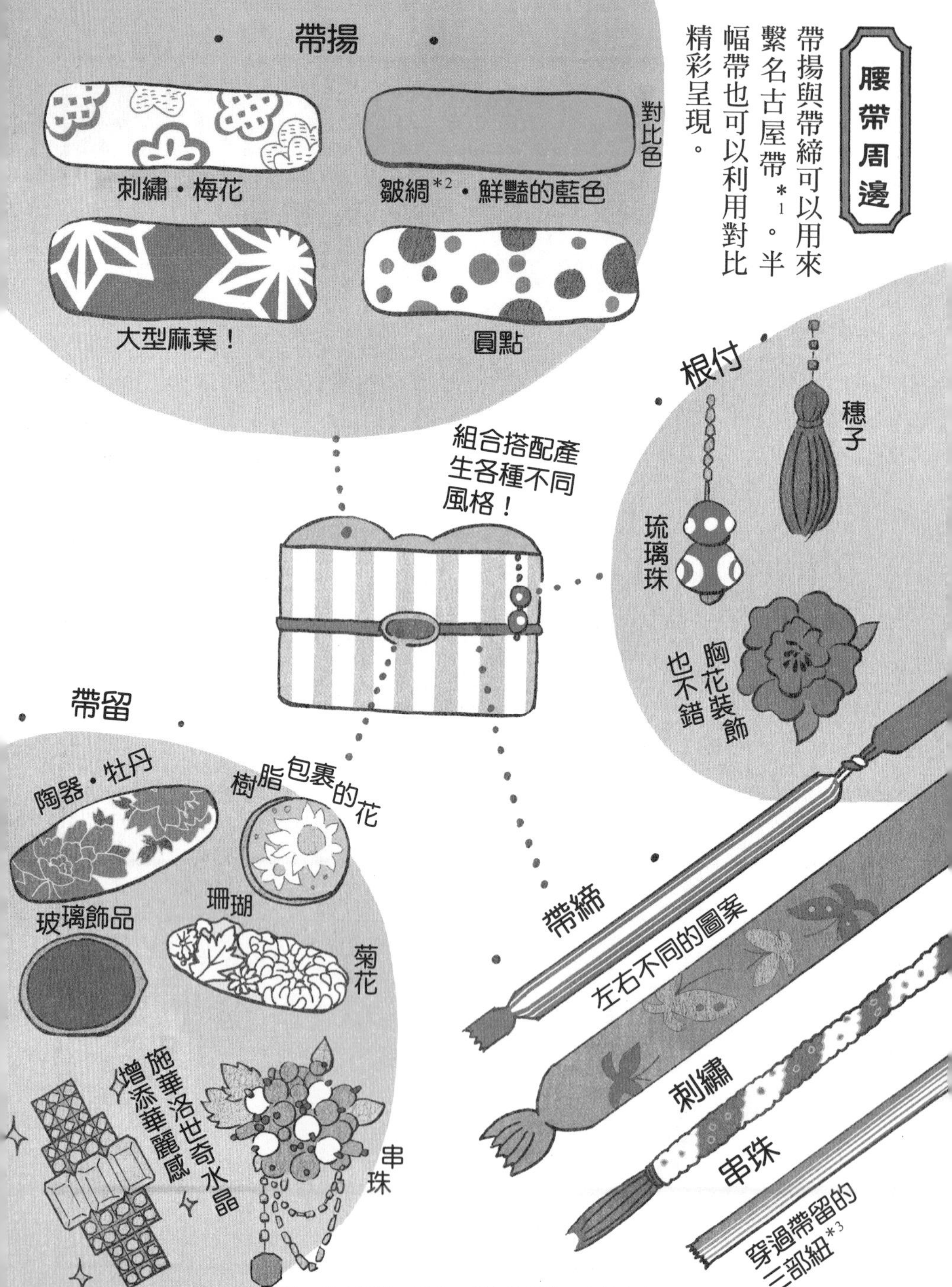
帶揚
刺繡・梅花
皺綢*2・鮮豔的藍色
對比色
大型麻葉！
圓點
組合搭配產生各種不同風格！
根付
穗子
琉璃珠
胸花裝飾也不錯
帶留
陶器・牡丹
樹脂包裹的花
玻璃飾品
珊瑚
菊花
施華洛世奇水晶增添華麗感
串珠
帶締
左右不同的圖案
刺繡
串珠
穿過帶留的三部紐*3

*註1：名古屋帶，日本一種女性腰帶，產於名古屋。
*註2：皺綢，皺紋的絲綢織品。

## •襦袢小秘訣•

袖子那邊露出一小截的是什麼？
好可愛❤
啊！這個嗎？
這是穿在長襦袢跟和服底下的喔！
今天是兩件式❤
•長襦袢
•兩件式長襦袢（上面是半襦袢，下面是襯裙）
最裡面會搭配內衣
•肌襦袢*4＋襯裙
推薦銅胺人造絲
其他還有•日式襯裙•短襯褲等
穿西式內衣也OK
小可愛
輕便
寬領口的厚衛生衣
緊身褲
喔！
平日穿著的和服則推薦搭配兩件式的長襦袢❤
同時具有肌襦袢與長襦袢兩種效果
身體部份是漂白木綿
長度可以調節❤
和服裡面穿這件跟小可愛就OK了
這原本是庶民平日穿著的和服內裡
活動時，上方不會摩擦發出聲響，也不容易走樣變形。
輕鬆自在
腳步輕盈

*註3：三部紐，綁帶留的細帶締。　　*註4：肌襦袢，接觸皮膚的襦袢。

大部分是可以水洗的質地，丟洗衣機也OK❤
不用擔心汗漬
蕾絲窄袖的半襦袢，搭配任何袖長的和服都可以！
•不合袖子長短的襦袢
•窄袖則OK！
是平日和服的好夥伴
還有一種方法，是穿著可配合袖子長短的「替袖」*
替袖
也可以用於古和服的長袖❤
有各種長短
用暗扣固定
配合氣溫與身體狀況，選擇內衣
我的選擇
天氣溫和
棉蕾絲的半襦袢
小可愛
or
寬領口的T恤
短襯褲
天氣變熱
襯裙
內裡穿著多件薄衣，層疊搭配更溫暖。
耶嘿
怕冷
天氣寒冷
寬領口的厚衛生衣
寒冬
可水洗的絲質兩件式長襦袢
羊毛貼身裙登場！
緊身褲
能夠分辨平日穿著和服內裡的講究之處，與取巧之處，才是輕鬆穿著和服的秘訣。
在看不見的地方，降低穿著和服的困難度

*註：替袖，為了讓襦袢有更多樣的搭配，另外製作襦袢的袖子，使袖子露出顏色能搭配和服。

## 長襦袢

平日穿著和服，可選輕鬆好穿的兩件式長襦袢。參加派對等特別的日子裡，則穿著喜愛的「長襦袢」。

麻葉

絞纈*

*註：絞纈，一種鏤空型雙面防染印花技術，又稱夾染。

華麗的極致色彩

後面比前面更有震撼力的古和服

# • 半衿小秘訣 •

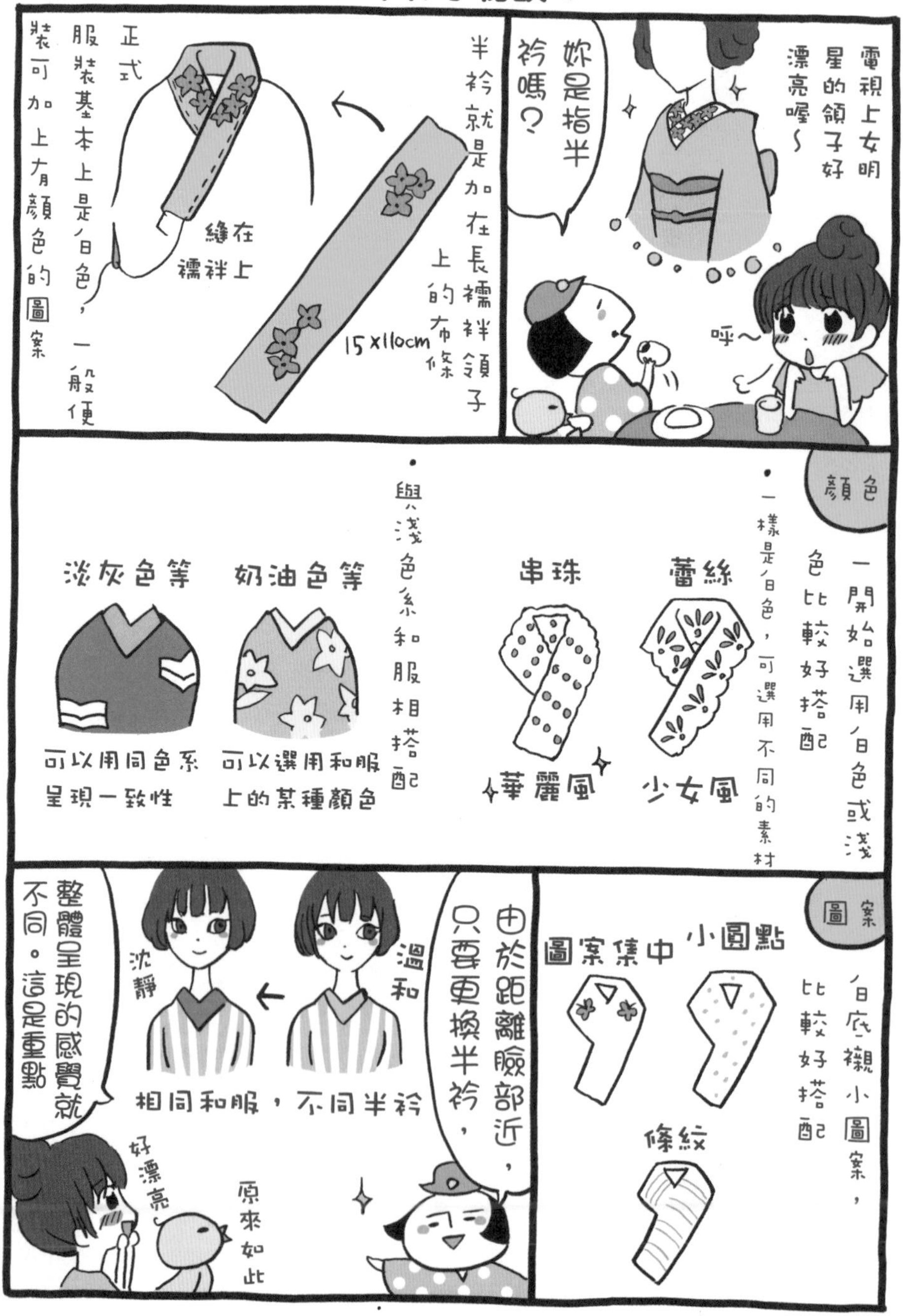

電視上女明星的領子好漂亮喔～
妳是指半衿嗎？
呼～
半衿就是加在長襦袢領子上的布條
15x110cm
縫在襦袢上
正式服裝基本上是白色，一般便裝可加上有顏色的圖案
顏色
一開始選用白色或淺色比較好搭配
一樣是白色，可選用不同的素材
蕾絲
少女風
串珠
華麗風
與淺色系和服相搭配
奶油色等
可以選用和服上的某種顏色
淡灰色等
可以用同色系呈現一致性
圖案
白底襯小圖案，比較好搭配
小圓點
圖案集中
條紋
由於距離臉部近，只要更換半衿，
溫和
沈靜
相同和服，不同半衿
整體呈現的感覺就不同。這是重點
原來如此
好漂亮

# 半衿

半衿圖案「有點太華麗」也沒關係，以小面積造成大效果！

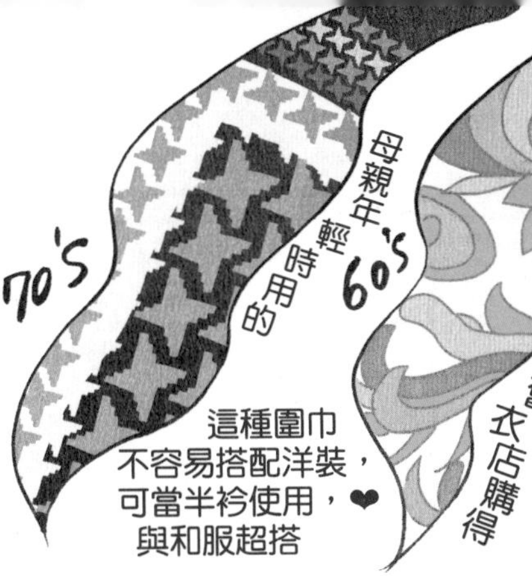

‧圍巾
70's
母親年輕時用的
60's
在舊衣店購得


這種圍巾
不容易搭配洋裝，
可當半衿使用，❤
與和服超搭

豹紋
圓點


可以用單一或素色系和服，
營造簡潔有力的圖案

絞纈的半衿，
其實是七五三
祭*的帶揚

*日本兒童節

夾住即可！


用別針或耳環作
為領口裝飾。黑
色半衿，飾品特
別顯眼！

極具震撼力！


古董和服
的碎布

古典刺繡

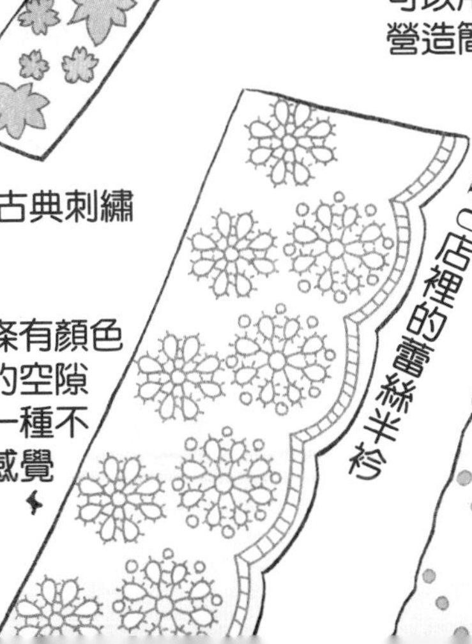

FURIFU店裡的蕾絲半衿


可在下方多加上一條有顏色
的半衿，從蕾絲的空隙
看過去，會給人另一種不
同的感覺

串珠的
半衿，
一年四季
使用都
OK！推薦
給初學者

## •足袋小秘訣•

足袋…好小喔…
我的腳背很高啊
還沒習慣…
喔！和服
好漂亮
要不要試試看穿彈性足袋？
設計多樣子便宜❤
•基本型•
•足袋式短襪•
介於兩者之間
彈性足袋
為搭配白色足袋，和服便裝可選擇有顏色圖案的！
穿彈性足袋，漆木屐會很滑，請選擇其他組合
足袋式短襪也一樣
原木木屐、草履則不容易打滑❤
圖案
白底與小花紋或幾何圖案都很好搭配
小圓點
條紋
只有一種圖案
蕾絲
常用象牙色
寒冷的日子裡，棉絨足袋很保暖，大推！
好溫暖！
寒冬更要多穿幾雙！
裡面可穿薄的五指襪！
有各種顏色
還有鼻緒*…
我出門囉！
好快

*註：鼻緒，日式木屐夾腳處的帶子。

# 足袋

## 彈性足袋

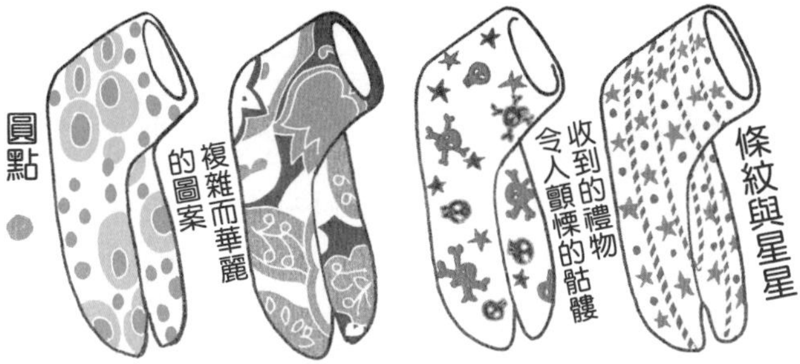
條紋與星星
收到的禮物
令人顫慄的骷髏
複雜而華麗
的圖案
圓點

以白色為基底，即便有花紋，也很容易搭配。
有趣的圖案很多，不知不覺買了一大堆

## 季節風圖案足袋

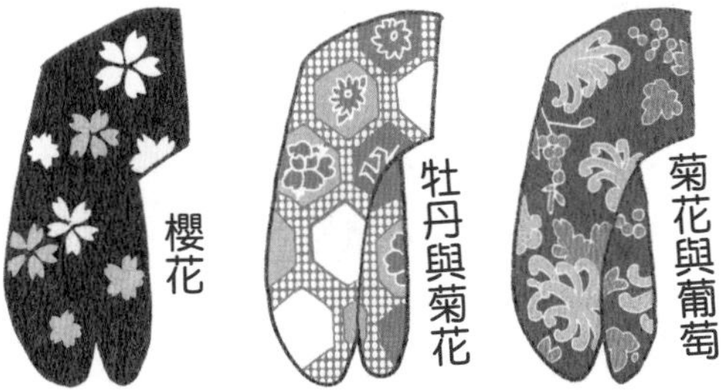
菊花與葡萄
牡丹與菊花
櫻花

華麗圖案的足袋，要搭配簡單素色的和服，只要搭配得當，就會很好看

## 足袋式短襪

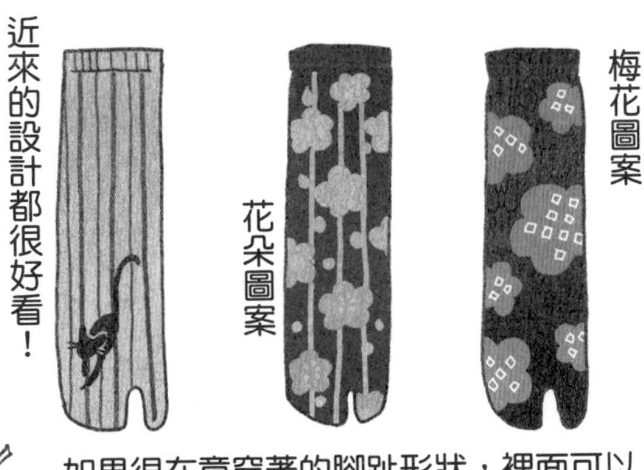
梅花圖案
花朵圖案
近來的設計都很好看！

一雙約380日圓

如果很在意穿著的腳趾形狀，裡面可以再穿一層足袋

# •穿鞋小秘訣•

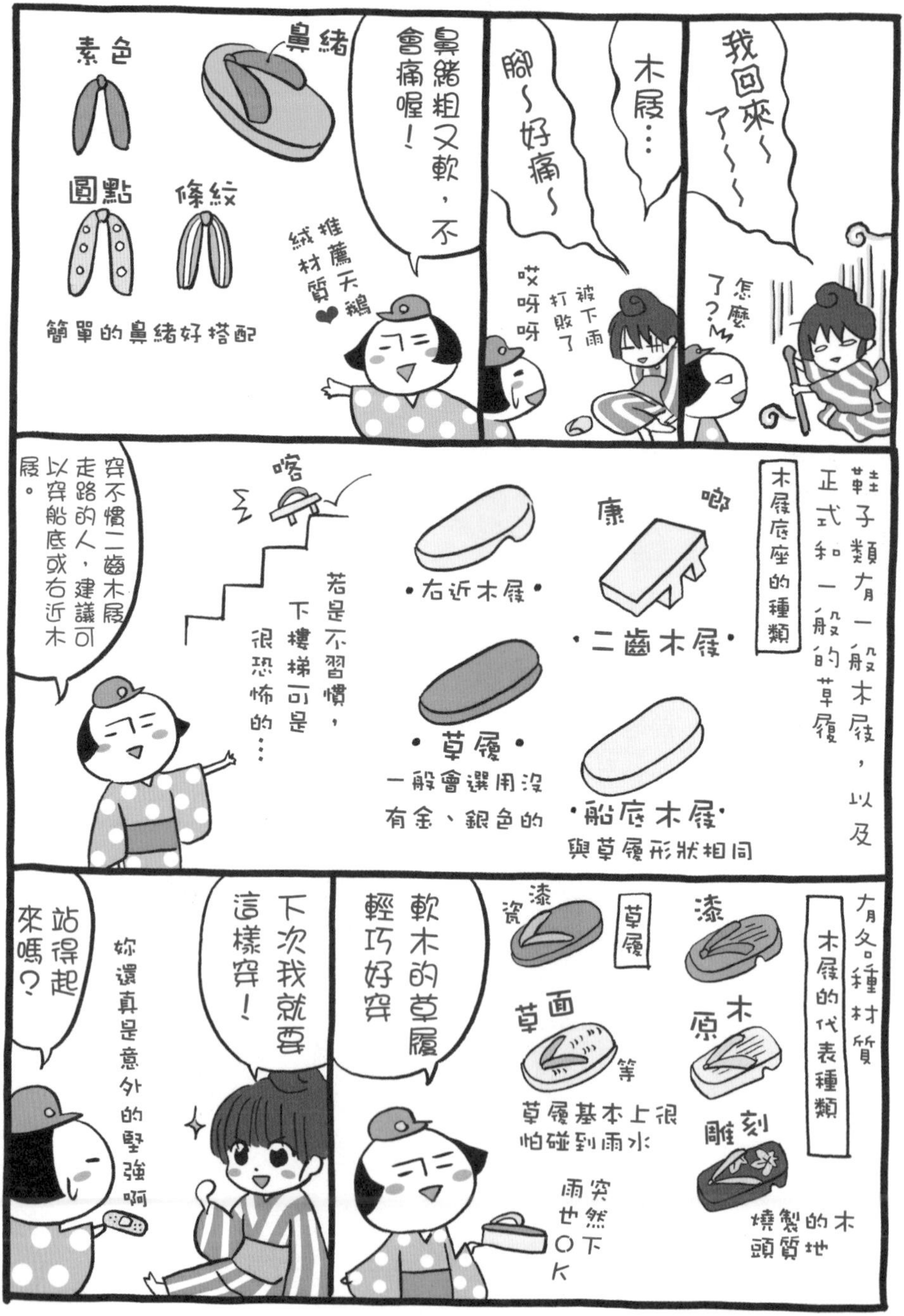

我回來～了～～～
怎麼了？
木屐…
腳～好痛～
被下雨打敗了
哎呀呀
鼻緒粗又軟，不會痛喔！
推薦天鵝絨材質♥
鼻緒
素色
圓點
條紋
簡單的鼻緒好搭配
鞋子類有一般木屐，以及正式和一般的草履
木屐底座的種類
康
啷
二齒木屐
右近木屐
船底木屐
與草履形狀相同
草履
一般會選用沒有金、銀色的
喀
若是不習慣，下樓梯可是很恐怖的…
穿不慣二齒木屐走路的人，建議可以穿船底或右近木屐。
有各種材質
木屐的代表種類
漆
原木
雕刻
燒製的木頭質地
草履
漆
瓷
草面
等
草履基本上很怕碰到雨水
雨突然下也OK
軟木的草履輕巧好穿
下次我就要這樣穿！
妳還真是意外的堅強啊
站得起來嗎？

# 鞋類

## 草履

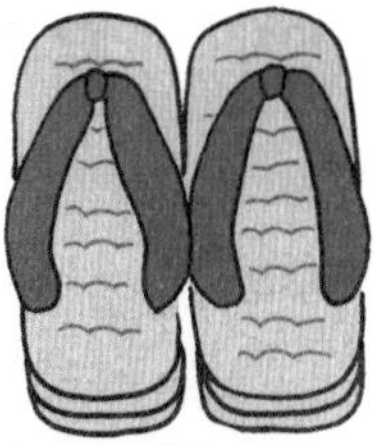
厚而膨

古典草面
穿好一點的和服
可以搭配這雙

## 右近

箱根工藝的底座
格子與圓點
看起來很時尚

## 二齒

漆製的木屐
黑色底座搭配紅色鼻緒
腳看起來很漂亮

表面是瓷漆

軟木底座
具有緩衝性
質輕，如果要走
很多路可以穿

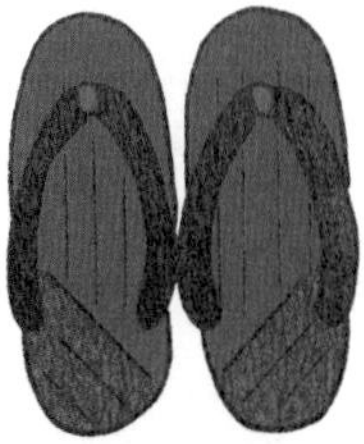

簡單的木屐
如果覺得服裝
搭配很頭痛
可選這款

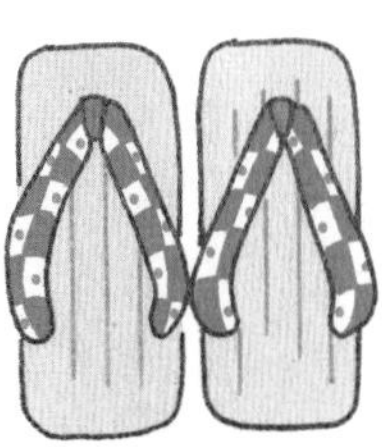
直木紋很漂亮

原木底座，光著腳
會留下腳印
所以要穿
足袋…

啊！

不會太亂
走路的時候，會看得到鞋面
脫下也很美

素色的鼻緒，與任何款式的足袋與和服都相襯，容易穿搭。

鼻緒很樸素，可以穿底座有花樣或圖案等妝點的鞋類，以取得平衡

# 雨天小秘訣

嗚~
沙
怎麼啦？
我明天要穿和服出門吔
消沉—
可是好像會下雨~
猶豫
鬱悶
這種時候，就輪到雨衣上場了！
全身型
長度比和服略長
兩件式
可調整長度
穿的時候將和服下襬勾到腰帶上，或者是用夾子固定即可
伊呀♥
脫下時，要把和服下襬放下來喔
好像會下雨的日子裡
很輕便呢♥
只要把兩件式雨衣的下半部放到手提包裡，攜帶很方便呢！

和服的木屐也改成雨天專用的
爪皮*1
掛上去
雨木屐
草履套
蓋上去
帶著走也很方便！
鞋套型雨草履
要選擇雨木屐內裡有防滑橡膠的喔！
穿著喜歡的爪皮，下雨天也很開心♥
嗯哼
選哪個好呢♥
條紋
花朵圖案
圓點
水滴
好可愛
呀♥
雨衣、雨用鞋類都要晾乾喔
爪皮的橡皮筋要勾在前面的屐齒*2上。
這裡
橡皮筋是可以伸縮的！
選深色或有圖案的，足袋弄髒也不會看起來很顯眼
最好底部也是深色
萬一雨下得很大，還要
在包包裡帶一雙替換的足袋，濕了也不用擔心！
把小毛巾放進去♥
喔—

*1註：爪皮，為了擋住雨水與泥巴，用來包覆木屐前端腳趾的罩子。
*2註：屐齒，木屐底下凸出像牙齒的部分。

建議帶大傘，以免腰帶跟袖子淋溼
傘骨多，就有和傘風
加一條穗子就顯得好可愛❤
天氣不穩定時，可機洗的聚酯和服就可以隨興穿著❤
毫不在意
別這樣
我的穿法是，如果整天下雨，要穿全套雨衣
陰天則穿聚酯和服
哎呀呀
如果下小雨，會穿兩件式雨衣的下半部
我會像這樣分別運用。費點心思，下雨天也能很放心❤
誒～可是如果突然下雨呢～
嘩嘩
……。
這時候就這樣！
像這樣
把下襬往上折
這樣嗎？
才不是

# 雨天的穿著

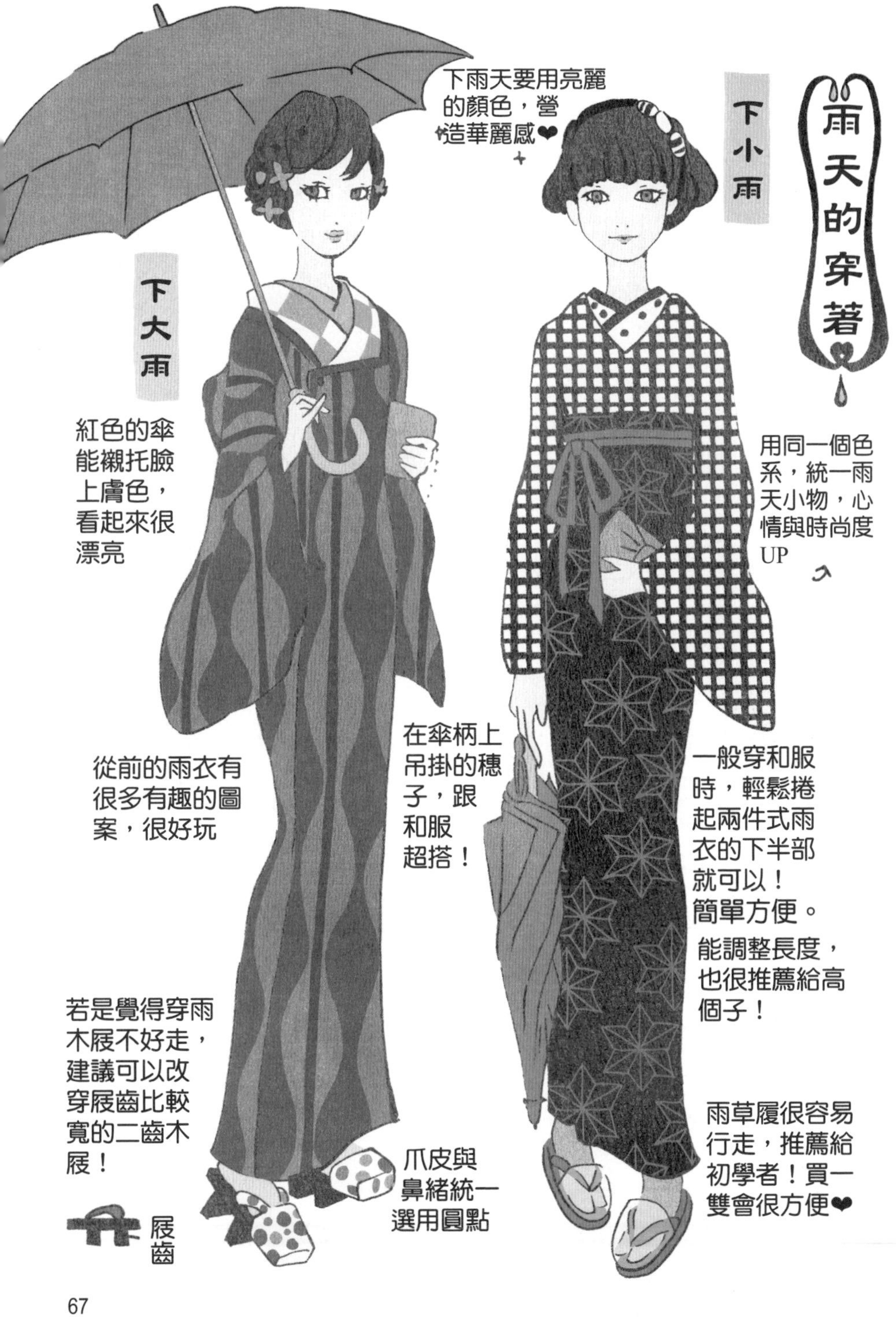

下小雨
下雨天要用亮麗的顏色，營造華麗感❤
用同一個色系，統一雨天小物，心情與時尚度UP
一般穿和服時，輕鬆捲起兩件式雨衣的下半部就可以！簡單方便。
能調整長度，也很推薦給高個子！
雨草履很容易行走，推薦給初學者！買一雙會很方便❤
下大雨
紅色的傘能襯托臉上膚色，看起來很漂亮
從前的雨衣有很多有趣的圖案，很好玩
在傘柄上吊掛的穗子，跟和服超搭！
若是覺得穿雨木屐不好走，建議可以改穿屐齒比較寬的二齒木屐！
爪皮與鼻緒統一選用圓點
屐齒

# 和服必備小物

• 小物的搭配 •
和服
腰帶
半衿
長襦袢
草履
足袋

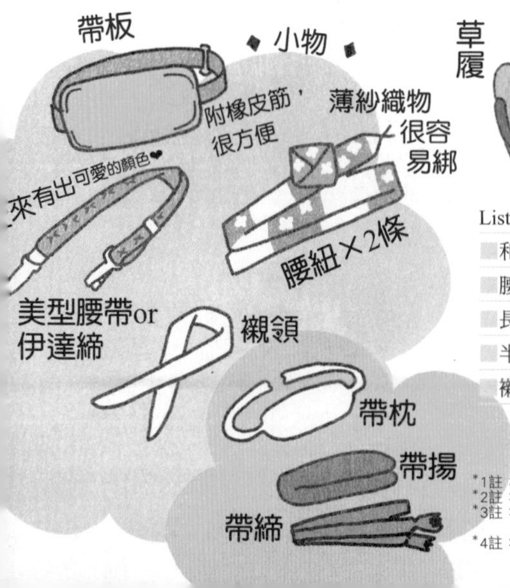
• 小物 •
帶板
附橡皮筋，很方便
薄紗織物很容易綁
來有出可愛的顏色
腰紐×2條
美型腰帶or伊達締
襯領
帶枕
帶揚
帶締

List

| | |
|---|---|
| 和服 | 足袋 |
| 腰帶（半幅or名古屋） | 腰紐*1兩條 |
| 長襦袢or兩件式長襦袢 | 美型腰帶or伊達締*2 |
| 半衿 | 木屐or草履 |
| 襯領（衿蕊） | 帶板*3 |

名古屋帶可以加上帶枕*4、帶締、帶揚。
帶締、帶揚也可以使用半幅帶。

*1註：腰紐，綁在腰部固定和服的布條
*2註：伊達締，從伊達卷（窄腰帶的和服帶子）改良而來的細腰帶。
*3註：帶板，放在腰帶前方，防止腰帶起皺紋的一種整形用配件，寬度比腰帶窄一些，基本上就是硬塑膠板。
*4註：帶枕，在腰帶上打太鼓結，放入帶揚可固定背部、調整形狀。

# 第三章

# 特別的日子，穿特別的和服

**市松圖案**

原名為石疊紋。在江戶時代，當時甚受歡迎的歌舞伎演員「佐野川市松」很喜歡用這種格子圖案製作舞台裝，造成大流行，所以有「市松」這個名字。

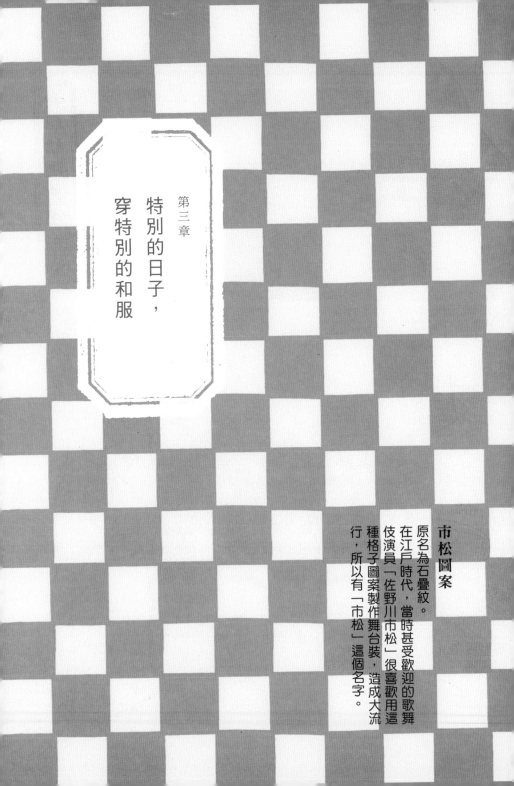

❤所有參加者都穿和服❤

我在先生老家，廣島嚴島神社舉行結婚典禮

與假髮的組合
現在的假髮都輕量化，戴起來很輕！
輕鬆～
服裝的選擇
新娘的白無垢*服裝選擇很多，質地跟花紋有變化，刺繡與絞染種類也很豐富，美麗又讓人心醉♥
呀
試穿很多件
手提包上的花被嚴島的鹿吃了
呀
我咬
嚐嚐味道～
當天從晴天旅館送我去神社的人力車大叔很正統！
頭髮梳成髻
專宗中的專宗！
宴客餐是大名御膳
這個
就像傳統結婚典禮！
結束
泡溫泉－！
撲通
耶！
大家都全身大汗
好熱！

*註：白無垢，表裡全白的和服。

# 結婚派對

只邀請朋友參加的結婚派對！一種舞妓委身於恩客的概念。
銀座七丁目的「獅子銀座古典會館」懷舊風，氣氛很棒！

*註：紅，此處所指乃舞妓化妝「紅」「白」「黑」三色中的紅色胭脂。

## 和服秀

福岡的和服溺愛會「著樂眾」製作的和服婚禮秀！會場在「石藏酒造*」別有風情，質感好。

憧憬的束髮
新娘角色
俐落、漂亮的黑色大振袖*
鮮艷的藍色
我是以稚兒*的角色參加
稚兒角色
新娘朋友的角色
あげきき（agekiki）小姐的演技出眾

*註：稚兒是日本文化中的男性童技。

*註：博多唯一的釀造酒莊。

*註：振袖，指長袖。

大家一起來作秀二〇〇三
故事大略是這樣
是的
由我來扮演新娘的角色怎麼樣？
因為我想試試看束髮
嗚呼
I♥香菇頭
稚兒裝的衣服只有小惠能穿，我不行
對和服了解最詳盡的成員
打擊
塗白臉…
個子最小
若是走在酒窖等光線較暗的地方…
會嚇到小孩…
呀—
騎滑板車登場！
啊哈哈
我也參加了著樂眾所舉辦的和服秀
上：外掛
下：裙子
腳：靴子

在荷蘭開個展
受到鹿特丹美術館的邀請動身去荷蘭♥
有坂本龍馬的感覺
毅然決然
日本的黎明將近囉！
穿著行動方便的羊毛和服裙褲
能走石板路的硬靴子
與其說是龍馬，更像是侍童呢…
工作人員
大姊
打擊
感覺好弱
到達荷蘭
立刻進行壁畫繪製
要開始了！
上半身換穿老奶奶的工作服
祭典所使用的圍裙
工作室位於河上的巨大船屋…
裡面有荷蘭的藝術家

個展開幕酒會
簪子鬆鬆的插在尾端
只限在國外參加派對的穿著打扮
只有改變半衿與裙子，稍微挪動腰帶，將寬度變寬
採用古典和服料子做的裙子
一個接一個
世界平均身高NO.1
怎麼回事啊？
那是什麼？
• 走在街上，靠過來的人們
*註1：阿基拉，日語為アキラ，英語是AKIRA，是日本漫畫家及動畫導演大友克洋創作的漫畫。
• TV的訪問
阿基拉*1
鋼彈
七龍珠
那個…
• 和當地的美術大學生進行交流討論…
・大家對於和服的反應是佳評如潮
Very nice！
cute ♥
amazing
哇
很受歡迎？
同志們的反應
荷 蘭畫廊老闆
和服超可愛—♥
英 國小說家
很華麗，挺好的—
德 國口譯的男朋友
腰帶好像背包喔
呀
呀
日 本口譯
荷蘭、英國、德國、日本都到齊了
我沒有很受歡迎，不好意思……
一場深刻的girl's talk，很讓人開心！
完結
幾天後
把照片給朋友看
來！二〇加*！
每張相片都戴了面具，根本看不出臉
妳是笨蛋嗎？
咦—這明明就是我的流行風啊！

※福岡特產「二〇加煎餅」所附的面具

雅敘園派對
紅色絞染半衿
參加廣播時獲得假屋崎*先生的花道展開幕票參加盛大派對，腰帶豐厚的結型，顯得非常華麗，這是綜合文庫結的成果
配合帶締與鼻緒的「紫色」，統一營造重點
古典的草面草履
攝影
在我搬離福岡前，特地商請福岡免費報紙《FD》和服專欄的千英小姐幫我裝扮的造型。
邀請別人幫自己造型打扮，能發現新的自己，很推薦

參加派對的注意事項～
別急急忙忙
要遲到了—
滑倒
目黑之坂很危險，草鞋面也很滑
注意袖子
美食
匡噹
行動草率的結果…我把下擺弄破了

*註：全名為假屋崎省吾，日本藝人、花道家。

◆學校的寫生旅行

金田一

地點是在日本鄉下港口，感覺似乎會發生什麼事

喜歡金田一
抓
抓
喀咖
不要說那種不吉利的話！

當然沒有發生什麼事件。

看在亂步迷的眼裡
小林少年
超級像
牛仔狩獵帽
是嗎？
好讚！

即便是同樣的打扮，但令人意想不到的是，不同的人看起來就會有不一樣的感覺，很有趣！

參加電影宣傳

配合江戶川亂步電影形象，特地造型打扮

拜託查案的女客人，其實就是兇手

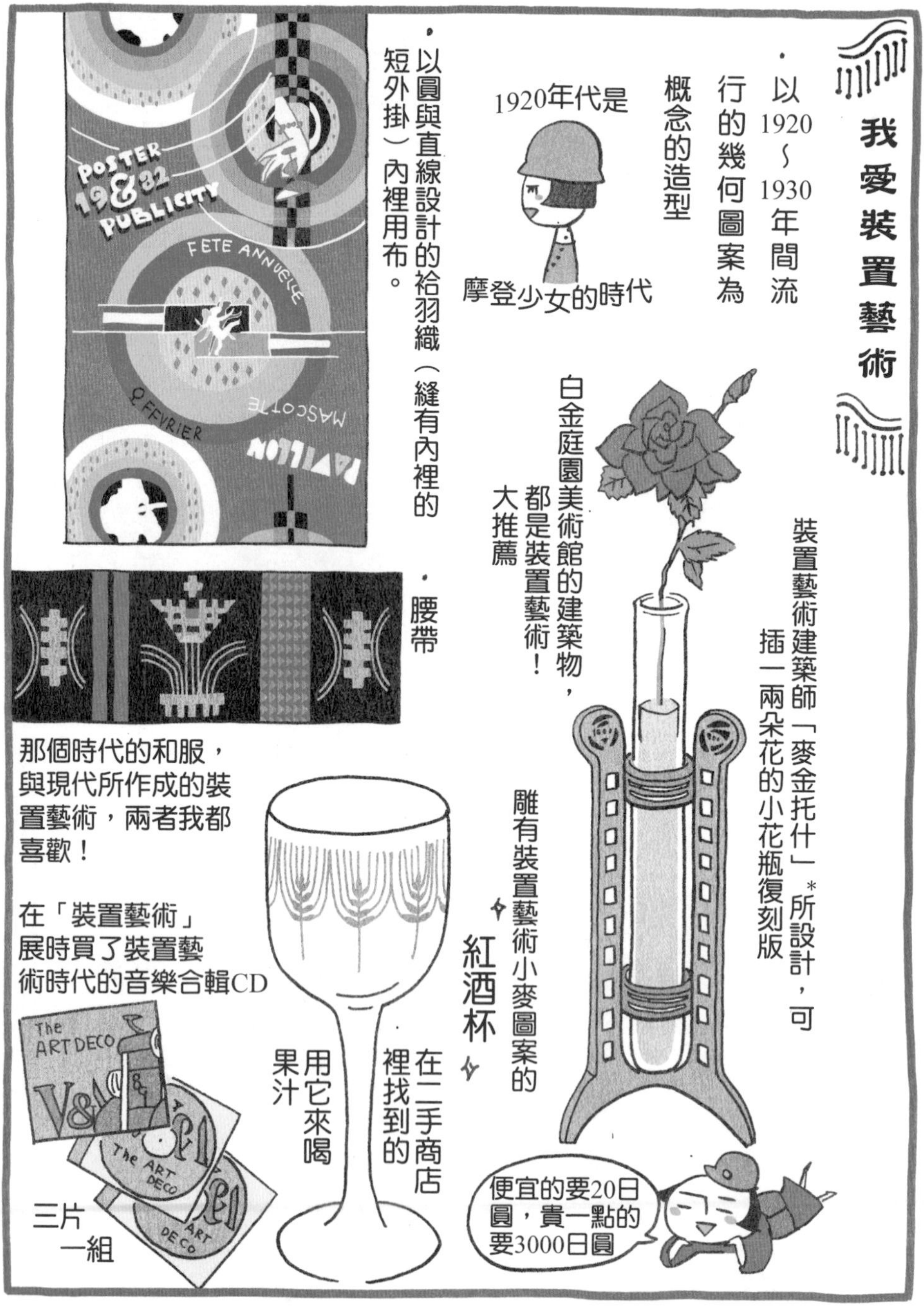
我愛裝置藝術
・以1920～1930年間流行的幾何圖案為概念的造型
1920年代是
摩登少女的時代
・以圓與直線設計的袷羽織（縫有內裡的短外掛）內裡用布。
POSTER
19&82
PUBLICITY
FETE ANNUELLE
MASCOTTE
9 FEVRIER
PAVILLON
・腰帶
白金庭園美術館的建築物，都是裝置藝術大推薦
裝置藝術建築師「麥金托什」*所設計，可插一兩朵花的小花瓶復刻版
那個時代的和服，與現代所作成的裝置藝術，兩者我都喜歡！
在「裝置藝術」展時買了裝置藝術時代的音樂合輯CD
The ART DECO
V&A
The ART DECO
ART DECO
三片一組
雕有裝置藝術小麥圖案的紅酒杯
在二手商店裡找到的
用它來喝果汁
便宜的要20日圓，貴一點的要3000日圓

*註：麥金托什，全名為查爾斯．雷尼．麥金托什（Charles Rennie Mackintosh，1928-1986年），蘇格蘭建築師。

# 第四章
# 動手做和服配件小物

**菱形圖案**

從繩結圖案而來。名稱來自「菱角」的菱形果實。

# 一起動手做吧！

那件和服適合
缺少什麼？
搭配白色的棉製蕾絲花朵胸針
來找找看。
在哪？
找到了！
可是好貴！
而且，好大
15,000
自己做不就好了嗎？
對喔！
還好我有好多手藝精湛的朋友
來做吧！
好！
近來，我陷入了這種模式

接下來要介紹的是和服配件初級的剪裁、綁橡皮筋等手工製作，以及想要挑戰使用縫紉機、畫具的中級篇。

所有材料幾乎都可以在手工藝品店或是網路上買到。

你家裡有一陣子沒戴，但仍然喜愛的飾品，或像是扣子等收集品，不妨加工製成和服小物，搖身一變成為點睛品。

如果另外買需要付出高價，若是自己動手做，價格可以降低，搭配範圍廣泛。最重要的是，能將自己原創的小物配戴在身上，吸引興奮與好奇的眼光，提昇和服的時尚程度。

# 製作半衿！

## 初級　只要動動剪刀！

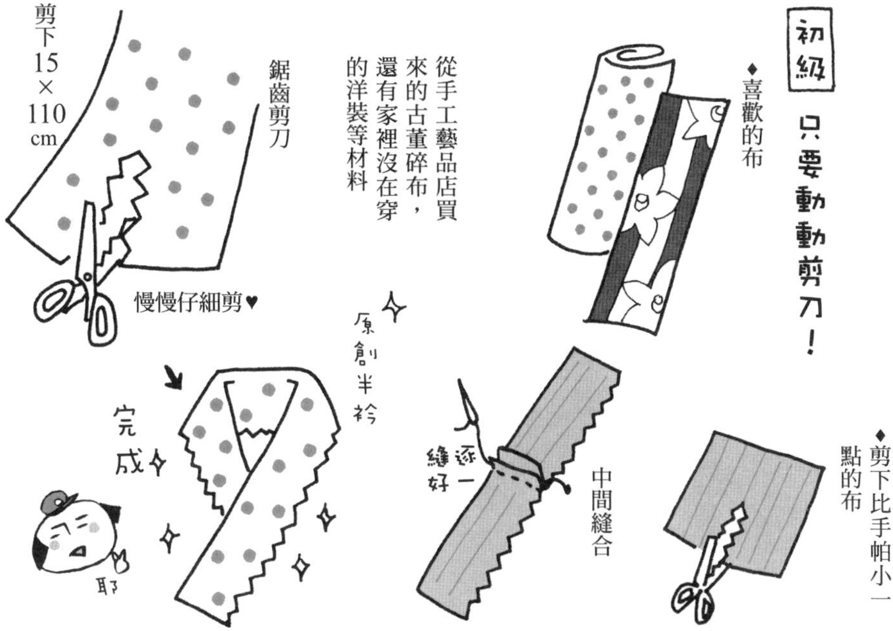

◆喜歡的布
從手工藝品店買來的古董碎布，還有家裡沒在穿的洋裝等材料
剪下15×110cm
鋸齒剪刀
慢慢仔細剪♥
◆剪下比手帕小一點的布
中間縫合
縫一遍好
原創半衿
完成
耶


## 中級　挑戰手繪！

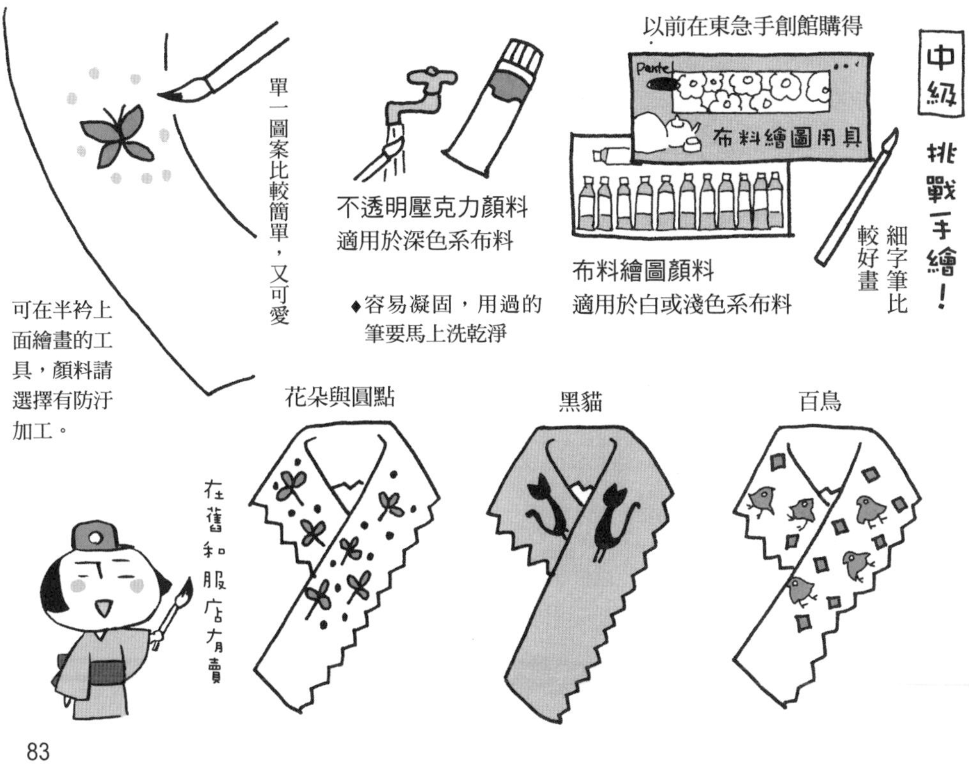

以前在東急手創館購得
Pentel
布料繪圖用具
細字筆比較好畫
布料繪圖顏料
適用於白或淺色系布料
不透明壓克力顏料
適用於深色系布料
◆容易凝固，用過的筆要馬上洗乾淨
單一圖案比較簡單，又可愛
可在半衿上面繪畫的工具，顏料請選擇有防汙加工。
花朵與圓點
黑貓
百鳥
在舊和服店有賣

# 用身邊的物品，製作帶留與根付！

## ◆鈕扣

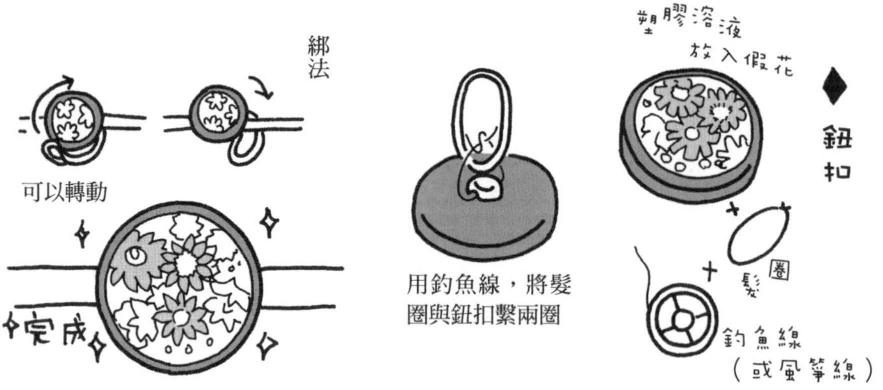


可以轉動

用釣魚線，將髮圈與鈕扣繫兩圈

## ◆墜飾

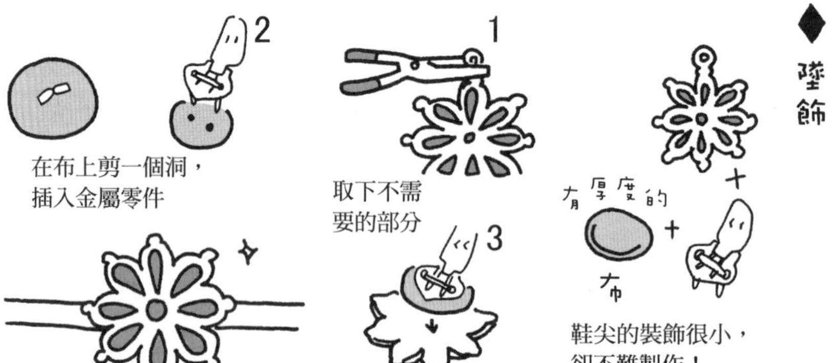


在布上剪一個洞，插入金屬零件

取下不需要的部分

夾住即可！適合各種帶締！

用黏著劑黏緊

鞋尖的裝飾很小，卻不難製作！

## ◆筷架

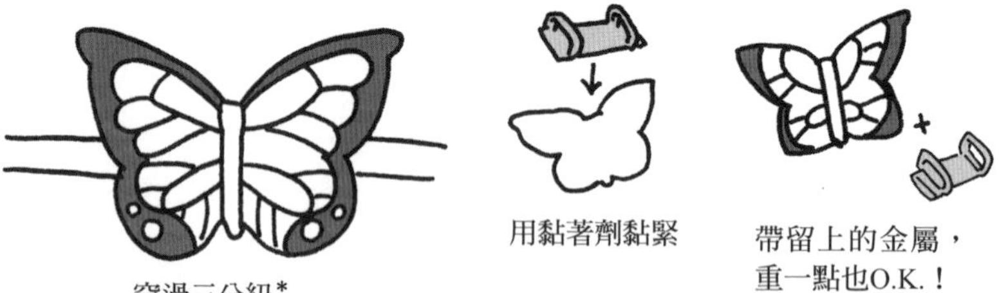

穿過三分紐*

用黏著劑黏緊

帶留上的金屬，重一點也O.K.！

根付

穗子、髮圈、手機吊飾等，圓圈狀的都適合！

將黑髮夾穿過圓圈

插入帶板

*註：三分紐，寬度約9mm的平編細帶。

# 美麗的花束

◆準備材料

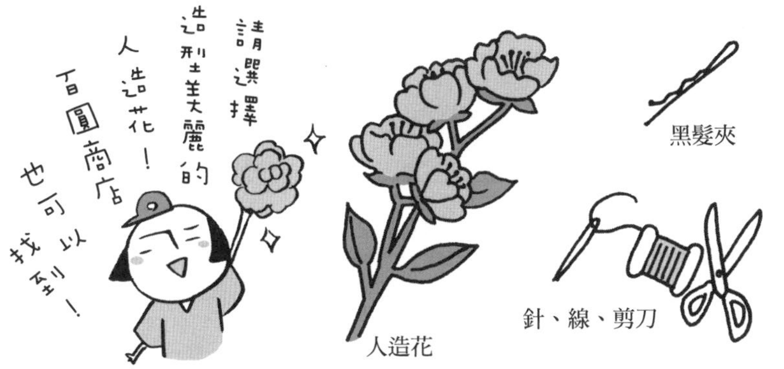
請選擇造型美麗的人造花！
百圓商店也可以找到！
人造花
黑髮夾
針、線、剪刀

1
拔
下
2
喀擦
3

1 取下花

2 剪去短莖

3 從下方縫線，連結花與黑髮夾

完成

◆用蕾絲與串珠營造盛裝感附加在手持的花束上

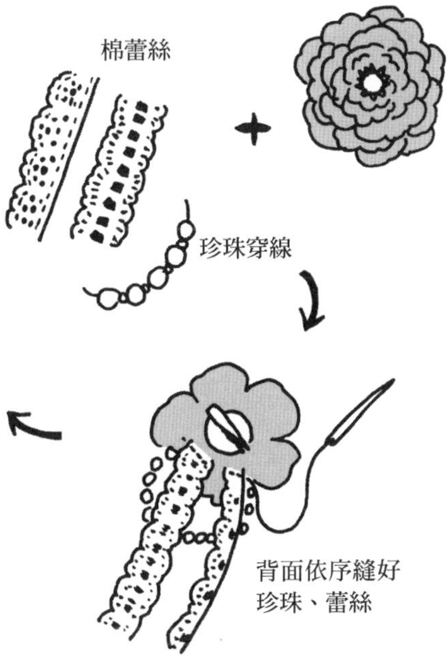
棉蕾絲
珍珠穿線
背面依序縫好
珍珠、蕾絲

少女度UP！

# 附加袖子

古董和服或別人贈與的和服，袖子的尺寸差異很大。如果與你的長襦袢不符，製作附加的袖子即可！

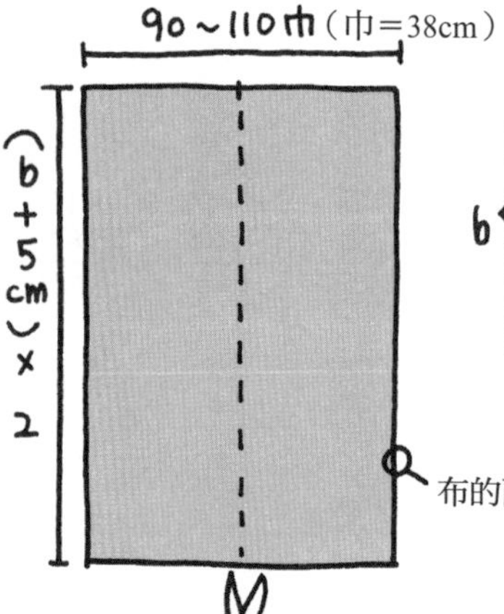

90～110巾（巾=38cm）
(b+5cm)×2


布的兩端是「耳」

量好尺寸，把布剪成一半

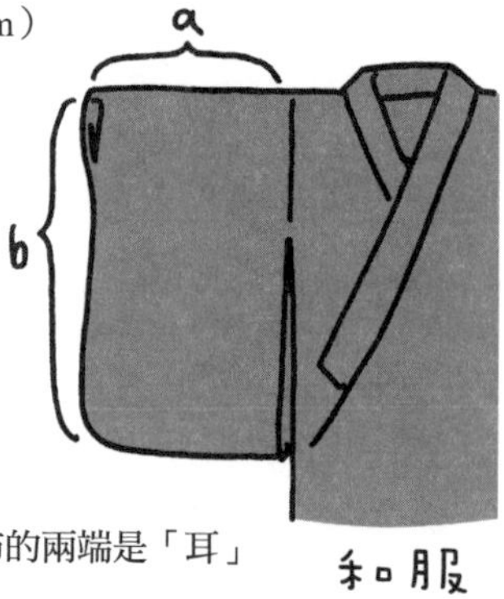

a
b
和服


1

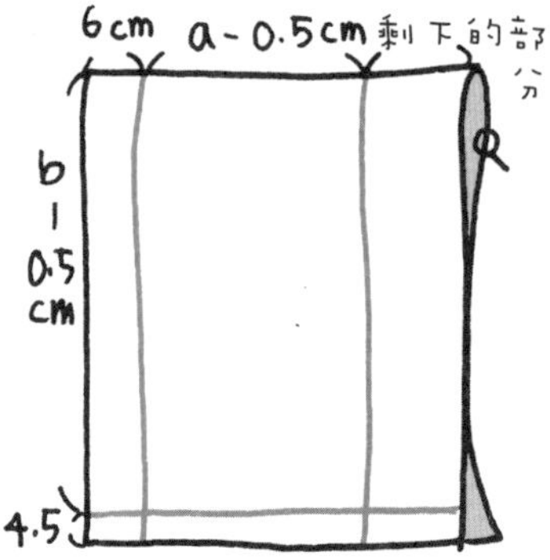

6cm
a-0.5cm
剩下的部分
b-0.5cm
4.5


把內裡翻出來，折兩折，檢查，做記號。

2

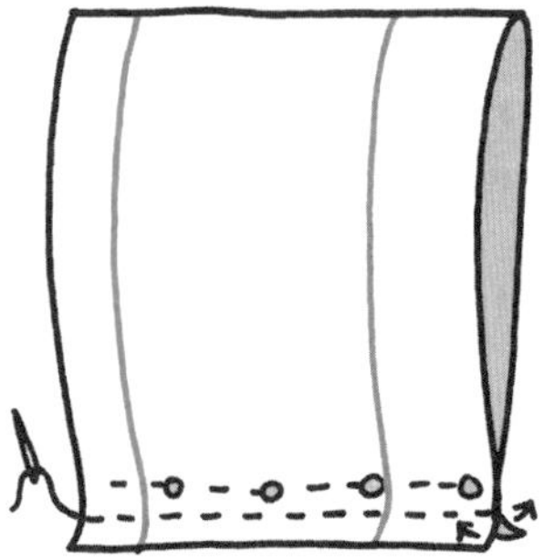

縫好袖子下方。剪開縫份，用熨斗燙平。

3

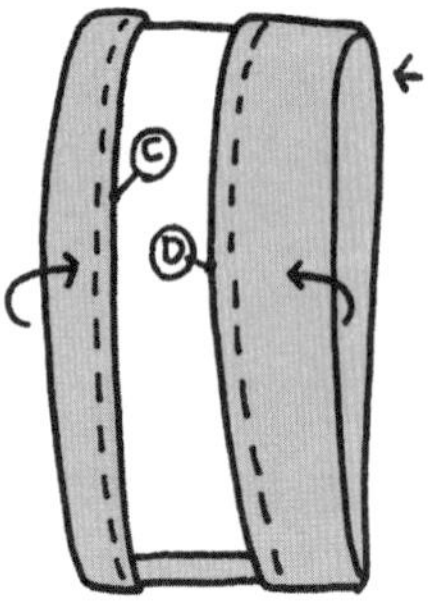

C
D


做好兩邊的記號再折，接著用熨斗燙。在開頭1cm處，將C縫成三折，D縫成兩折。
★也可以用縫紉機

◆翻過來即完成

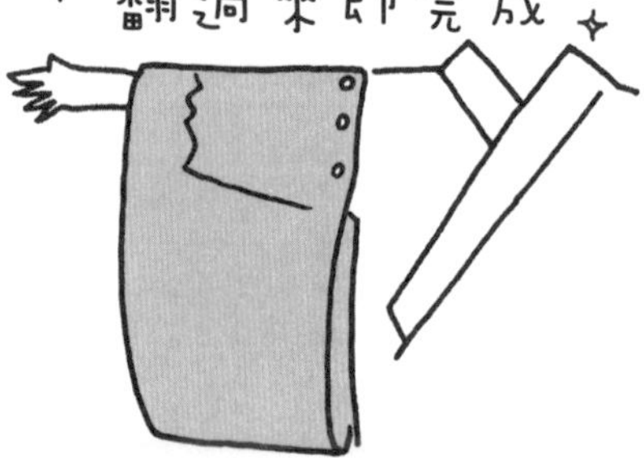

窄袖的半襦袢可以用暗扣或魔鬼氈固定。

雖然很可愛

但整體很多損傷的古董長襦袢，

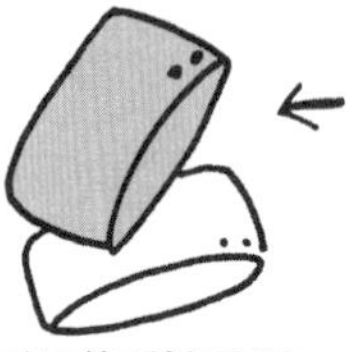

可只剪下袖子用來製作附加袖子

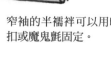

# 正反兩面都可以用的半幅帶製作

完成尺寸（15X380cm）　材料：布（19X384cm）2片、帶芯*（15X380cm）一個

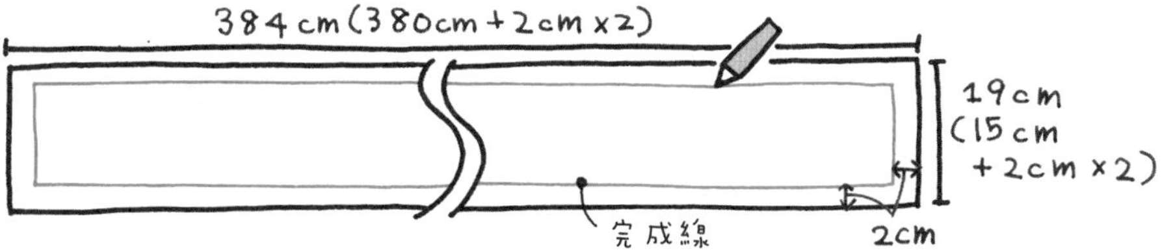


1　剪布：在布的反面畫好完成的預定尺寸。留下縫份，用剪刀裁剪。

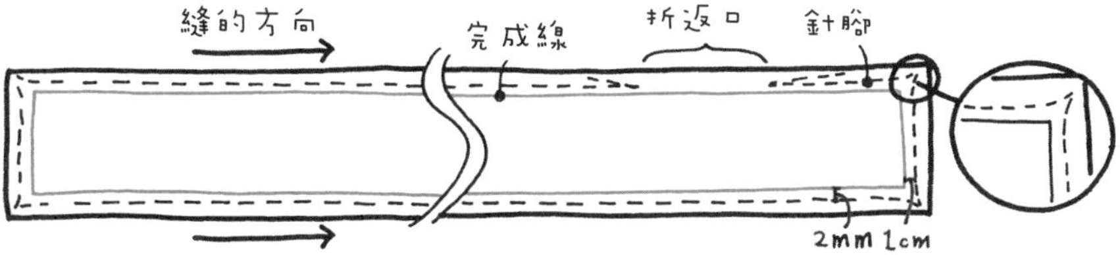


2　用縫紉機縫：重疊兩片布，從完成線的外側算來，外側留上下2mm，左右1cm。避免縫的時候有皺褶，上下的縫製方向一致。折返口部分要從中間錯開，略比腰帶的寬幅稍大。露出一點點角，製作完成，角會很漂亮。

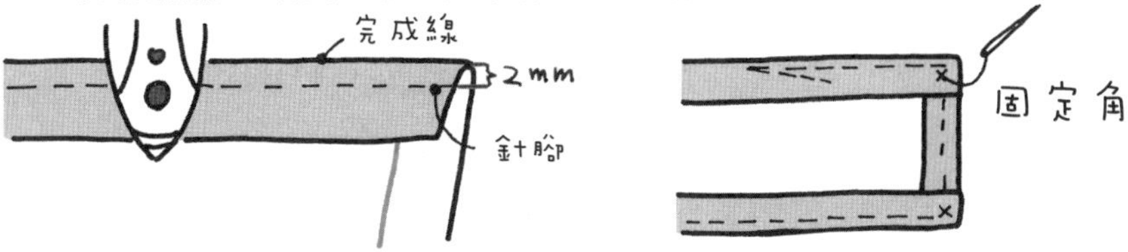


3　用熨斗固定暗縫：沿著縫，將縫份折起，四個邊要用熨斗塑型。針腳難免歪斜，但也不失美觀。　※暗縫是從外面看不見針腳的縫法。

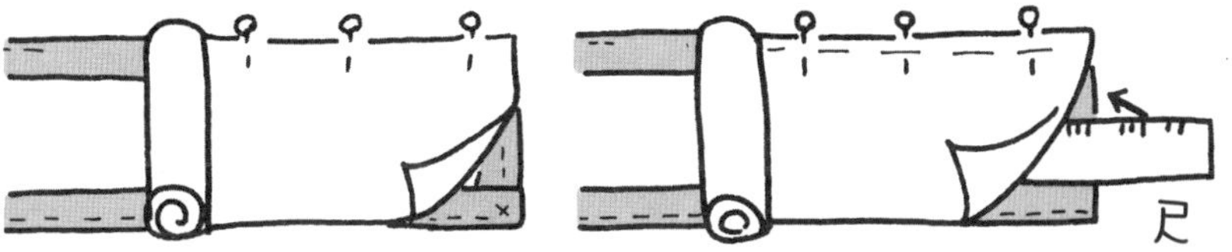


4　縫上帶芯：將剪好的完成尺寸帶芯，用大頭針固定。剪的時候，帶芯要比腰帶長。縫的時候，折返口以外針腳上的帶芯，較大間隔約3cm。可在接縫下放厚紙板和尺，以免連表面都一起縫起來。

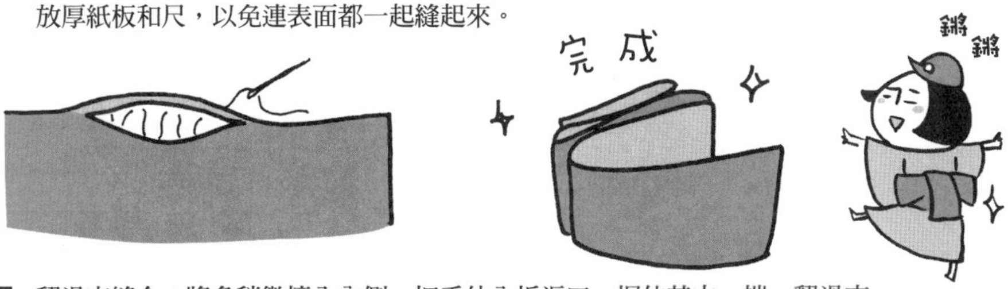


5　翻過來縫合：將角稍微擠入內側。把手伸入折返口，握住其中一端，翻過來。翻好角，在折返口內側，用鎖邊縫縫合。最後用熨斗燙整即完成。

*註：帶芯，襯入衣帶防止變形的厚襯布。

# 穿著和服的預備事項～如何戴半衿～

基本上是在長襦袢的領口縫上半衿。麻煩！沒時間！這時，可乾脆在看不到的地方，使用大間隔的快速縫法，或是安全別針。有時遇到不適合用安全別針的和服材質，則需耐心處理。

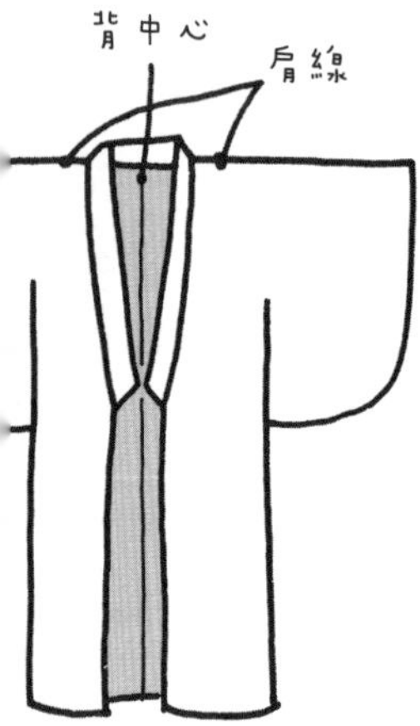
背中心
肩線

◆長襦袢的名稱

原本應該是表・裡各縫兩次，但在此把表裡一次縫好。
各種質地的布料都OK！

## 用大間隔的快速縫法

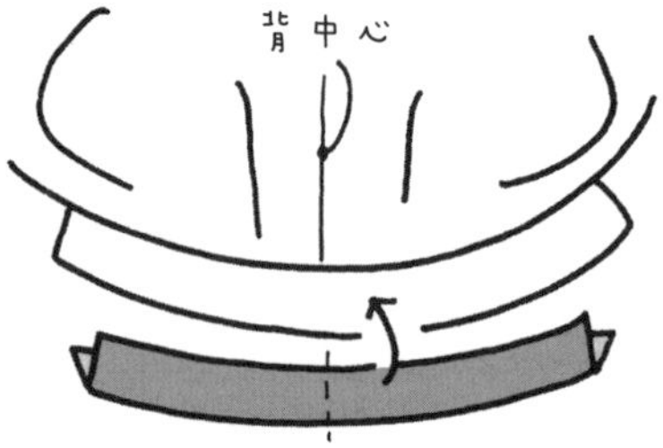
背中心

1 將折成一半的半衿中心，對準襦袢的背中心，蓋上去。

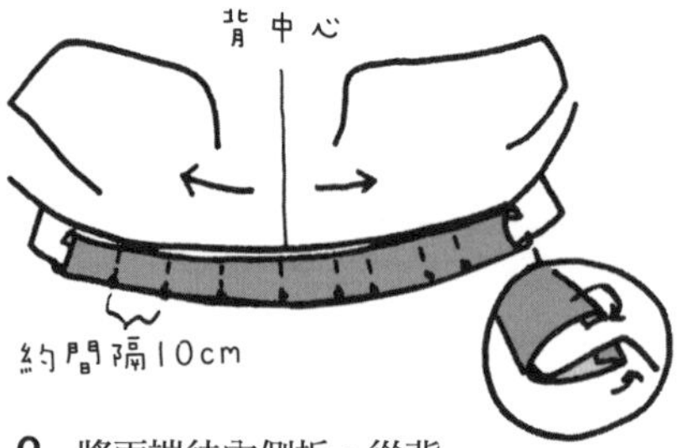
背中心
約間隔10cm

2 將兩端往內側折，從背中心往左右拉開，釘上大頭針。

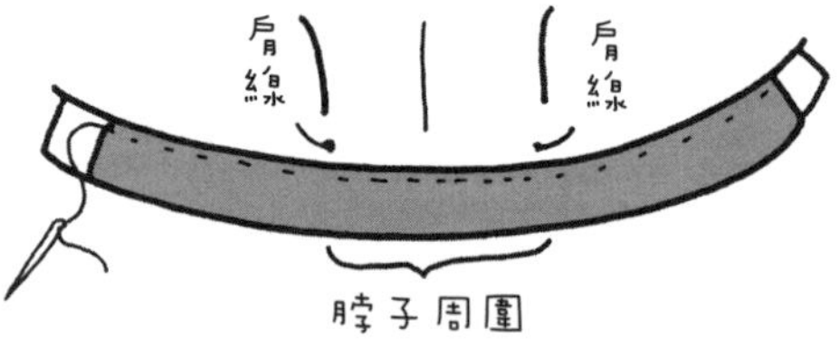
肩線
肩線
脖子周圍

3 只有脖子周圍是表1cm、內裡0.5cm的假縫。其他則是表1cm、內裡5cm的假縫。

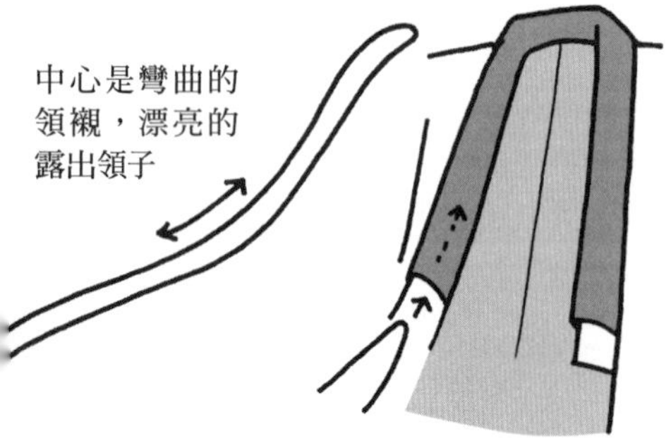
中心是彎曲的領襯，漂亮的露出領子

4 讓領襯滑入半衿內側，將領襯中心，對準背中心，調整領子位置。

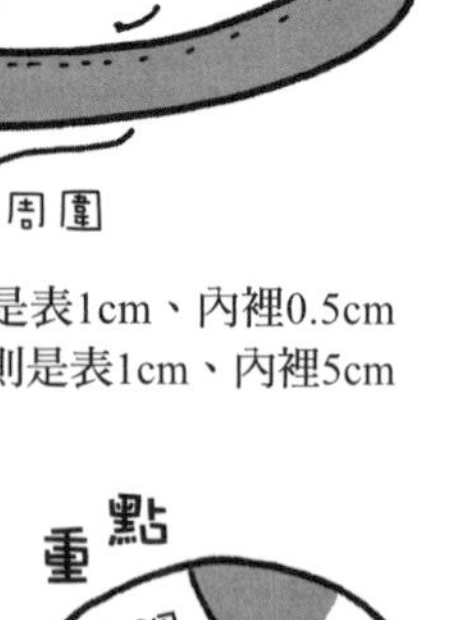
重點
這裡

肩線、背中心的脖子周圍，從背後可以見，所以不能偷工減料！

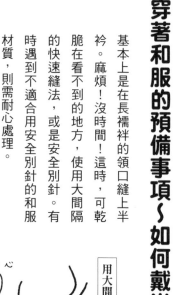

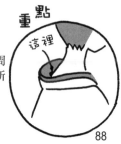

# 用安全別針，三分鐘做好半衿

2~3cm的安全別針約11個，可以在手工藝品店購買。

請選購適當大小與數量的安全別針

半衿要選用堅韌的布料製作，所以古董布或薄布料並不適合。

可以在和服上加新的半衿，但若選擇襦袢上面原本就有半衿的款式，可再加一層，較容易固定。

再者，可放入領襯，使衣服變挺，更好固定

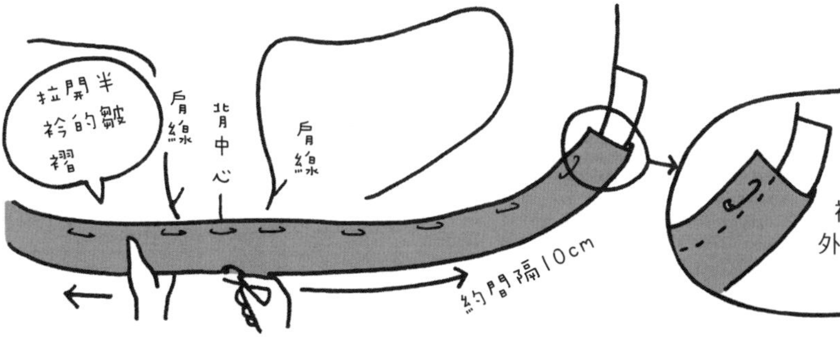
拉開半衿的皺褶
肩線
背中心
肩線
約間隔10cm
固定在
襦袢領口靠
外側

1　用與88頁的步驟1相同的方式覆蓋上去，從外側開始往領邊固定背中心、左右肩線，左右兩邊的固定方式相同。

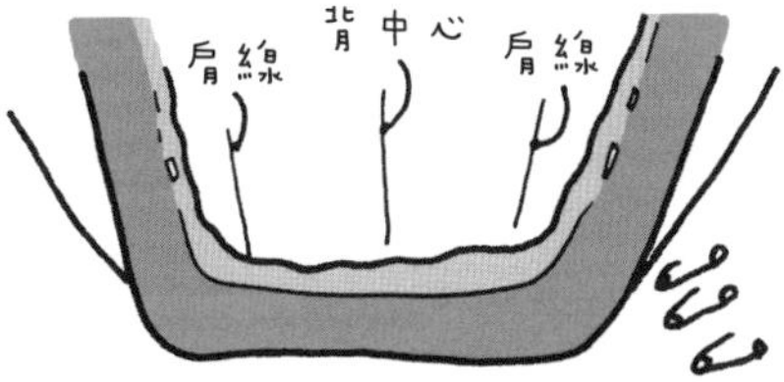
肩線
背中心
肩線

2　只將圍在脖子的背中心與左右肩線三處，用安全別針固定。

剖面圖

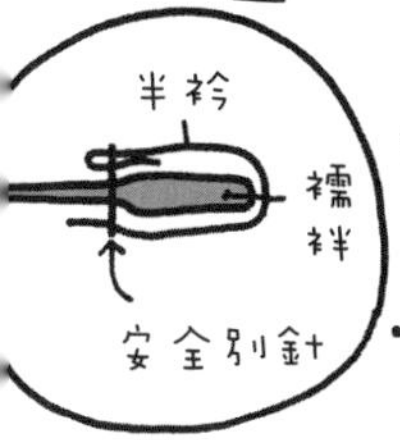
半衿
襦袢
安全別針

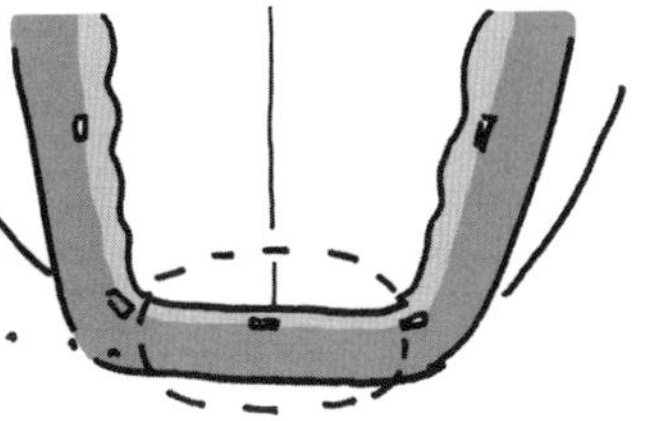

掌握訣竅
快速用安全別針固定！

3　將超出襦袢領子的半衿內側折起來，外側再折一次，固定在一起。

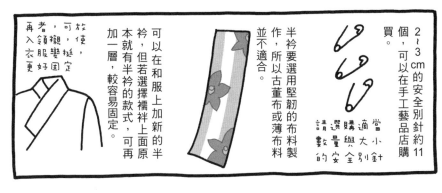

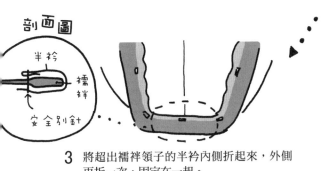

# 整理穿過的和服

換季時，和服最好要先整理再收納。棉織品、聚酯和羊毛等能洗的和服，可用家中洗衣機清洗，其他則送到專門處理和服的洗衣店。

**檢查汙垢！**

水溶性的髒汙，可在和服底下鋪毛巾，從和服上方用溼毛巾拍打，使髒汙轉移到底下的毛巾。

★油性的汙垢或溼了會縮水的和服，要送給專門店處理

**掛在衣架上過夜**

放在通風良好的地方，使溼氣揮發。

也可以用電風扇！

**洗滌**

可水洗的衣物、襦袢、足袋、小物等摺好，放入洗衣袋，設定洗衣機輕柔模式洗淨。洗衣劑請用專用洗劑。

★脫水時間選擇快速

**晾乾**

晾乾的時候最好能完全拉平和服皺褶，晾乾以後就不需要用熨斗！

若不希望有皺褶，在和服半乾的時候可用熨斗燙。

# 折疊和服的方式

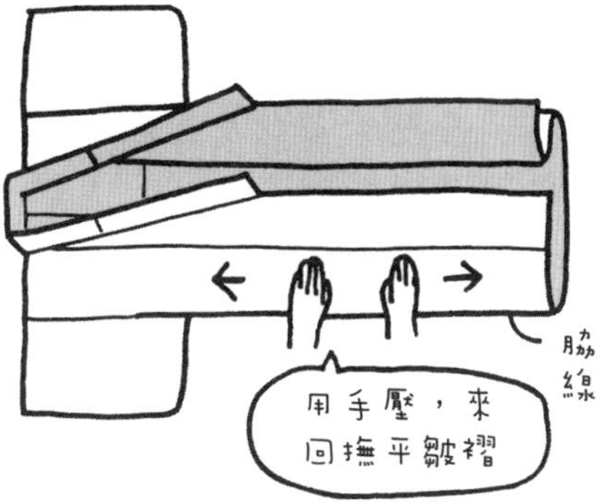


1 攤開，領口置左，裙角置右，沿著脇線折衣服。

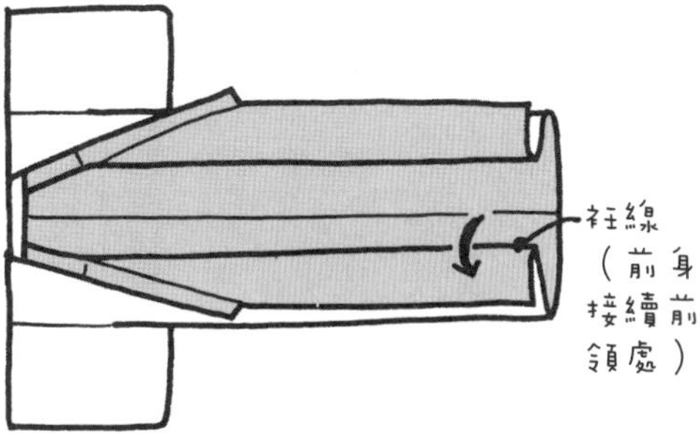


2 沿着衽線向外折，上方的領子則往內側折。

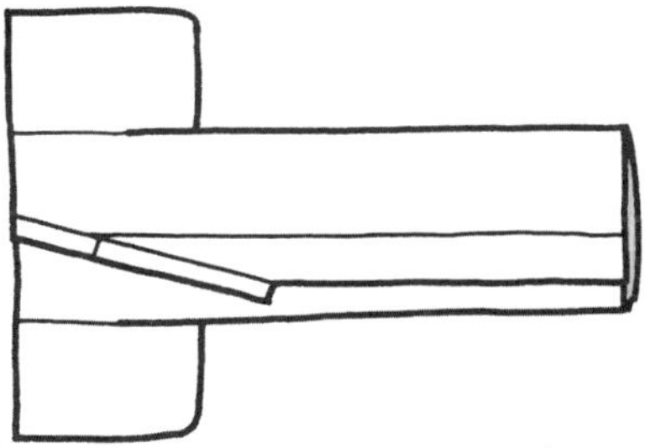

3 抓上方衣服，往下疊過來，注意領子的部份要對齊，如圖。

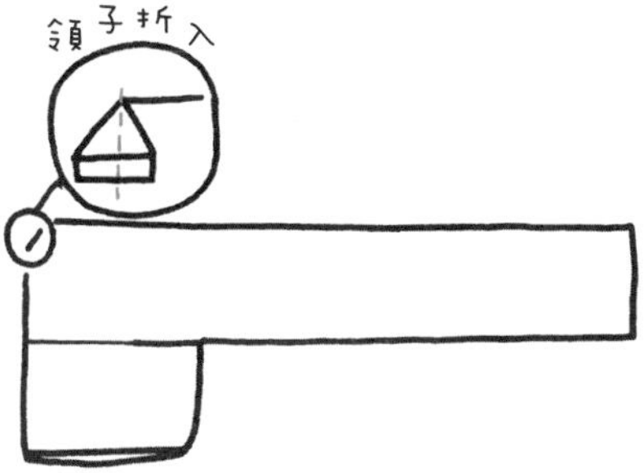


4 抓住上方脇線，往下疊在下方的脇線上，兩隻袖子也要對疊整齊。領子是往內折成三角形。

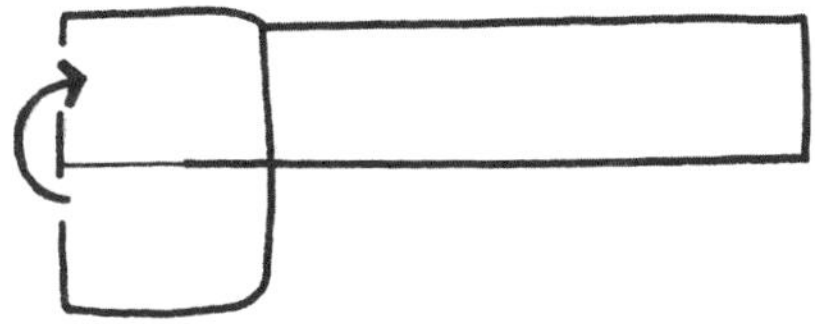

5 將上面的袖子反折。

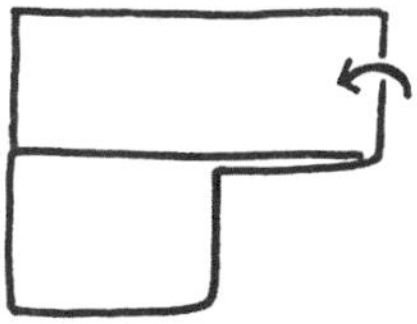

6 裙擺往上折成一半。收納空間如果較小，也可以折三折（長度變成三分之一）。

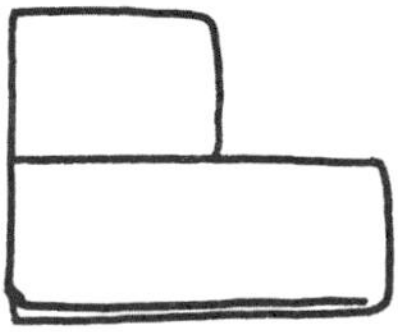

7 小心抓住肩線與裙角，整個翻轉過來，折另一邊的袖子。

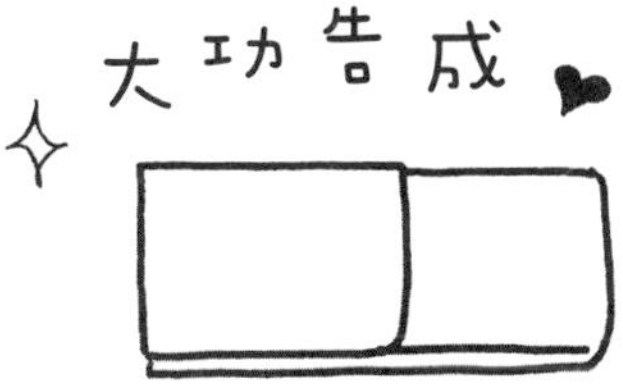

# 和服生活小秘訣

便裝和服，活動好自在。出席正式的結婚典禮等場合，則要整整齊齊地穿著禮服和服。穿禮服的規則、禮服質地及價格，與一般便裝不同，從頭到腳買齊一整套，花費昂貴。如果穿著機會較少，不妨用租的，不同場合還可以享受穿著不同和服的樂趣，很推薦喔！

平日
看電影、購物、飲酒聚會
或是
看落語等
呀呵～
棉織品
羊毛
聚酯纖維等
TPO
輕鬆非正式的派對
開幕酒會
聖誕派對等
盛裝打扮，炒熱氣氛！
嗯呼
小碎花等
正式的結婚典禮
穿著典雅禮服
會客和服
振袖
單色布等
喔呵呵
近來有很棒的和服出租店❤
無內裡的單衣和服可以在6月跟9月穿，但若是當作便裝和服，只要天氣變熱了，從5月份開始穿也OK！若作為正式服裝則要照規矩來。

單衣很方便
好熱
配合地球氣溫升高的

一般的羊毛和服本來就是一種單衣設計，所以冬天可以穿。棉質的和服則是除了寒冬與夏天都可以穿。

奇怪？
要注意收合左右領口的上下方向，別穿反了。

# 穿和服的行動限制

和服的袖子很長，和洋裝不一樣。和服裙子下擺也很長，要注意別踩到。注意這兩點，身段自然能變美麗。

用餐時，拿遠處的物品，要先抓住袖子。

喔

上樓梯要提起前襬。

坐車時，腰臀部先進去。下車時，腳先下來。

袖子跟腰帶都很容易被門把勾住，要小心。

噫！
撕裂
經常發生…。

想要穿和服舉手投足優雅又美麗，建議可以去學日本舞！
充滿女人味的身段

## ☑檢查你的和服迷戀度！

①總會不自覺盯著穿和服的人看…
盯
怎麼有股寒意…
②喜歡的布料都想拿來當作半衿
咦
這條領巾真不錯啊…
呼呼呼
③看到筷架或扣子，就想做成帶留…
偷笑
有事嗎？
④煩惱和服的收納
以上全都中嗎？恭喜你是重症。
我可沒問題喔！
我全中耶！
哇

在飾品店把戒指放在腰部比來比去
這人怪怪的—
想做成帶留
這個尺寸可以！
還好穿的不是洋裝…。

# 第五章 和服穿著步步圖解

**圓點扎染圖案**

排列整齊的小圓點圖案。是拭手巾的基本圖案，廣為人知。更小的江戶碎花「角通花樣」*也很有名。

*註：角通花樣，縱橫整齊排列的小點花樣。

# ◆ 修正　依據體型不同，調整和服的穿著 ◆

**腰部過細**

捲一條毛巾，圍繞住腰部，用腰紐固定。

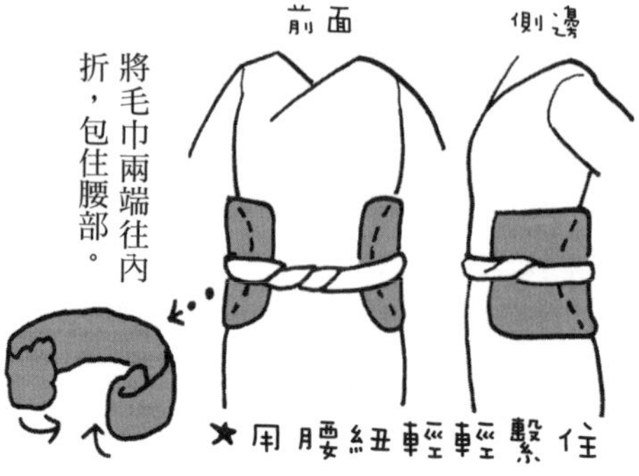
將毛巾兩端往內折，包住腰部。
前面
側邊
★用腰紐輕輕繫住

理想是
腰線平直

**大胸部**

可用日式內衣進行調整，在胸部下方用捲起的毛巾，填補胸部與身體的中間落差。

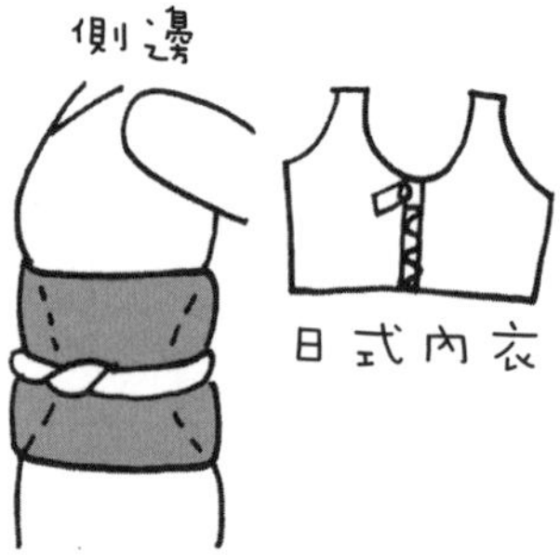
側邊
日式內衣

我在穿得比較少的時候，會做這些調整
冬天因為會在和服裡面穿好幾件衣服，可以自動把腰部填滿…

短襯褲建議穿著後面不會發出摩擦聲響的。

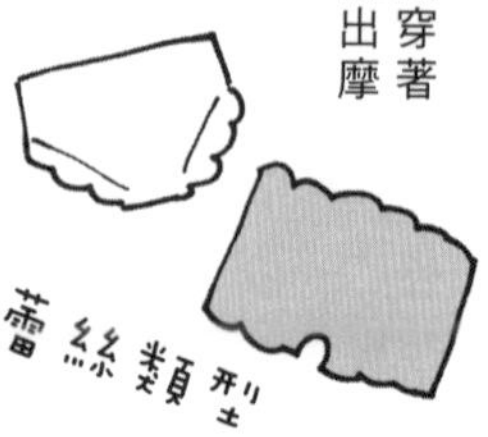
蕾絲類型

若穿的是低腰型，上廁所比較不麻煩。

若內褲穿太高，會被腰紐卡住。

腰紐線
沒辦法上廁所！

# ◆穿著兩件式長襦袢◆

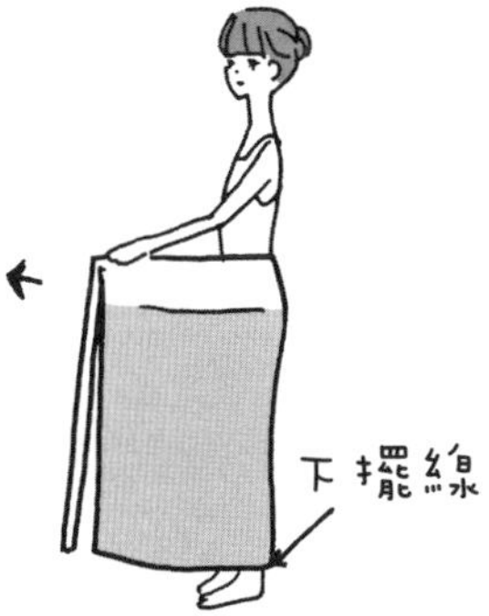
下擺線

1

雙手同時抓好下擺開口的兩端，往上提高，約到足袋上方點的位置，就是下擺線。

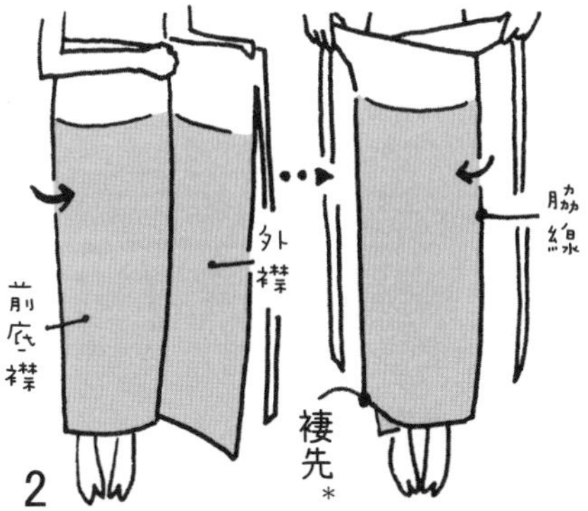
前底襟
外襟
脇線
褄先*

2

將前底襟捲起，外襟則是把右脇線挪到身體正側面，捲過來，把褄先拉高一點。

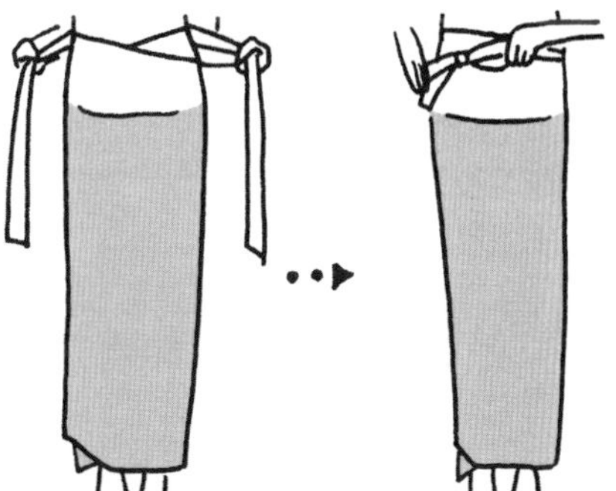

3

帶子先在後方交叉，再轉到前方。在靠近中央的旁邊，打一個單邊的蝴蝶結，剩下的部分再捲進帶子裡。

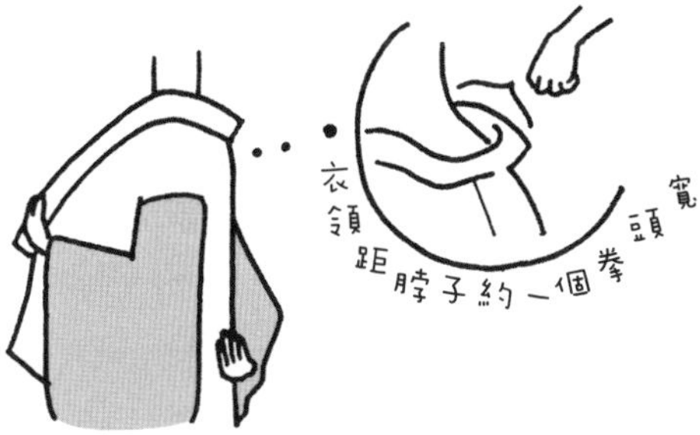
衣領距脖子約一個拳頭寬

4

披上半襦袢，左右領口合起，調整一下，另一隻手伸到背後調整領子。

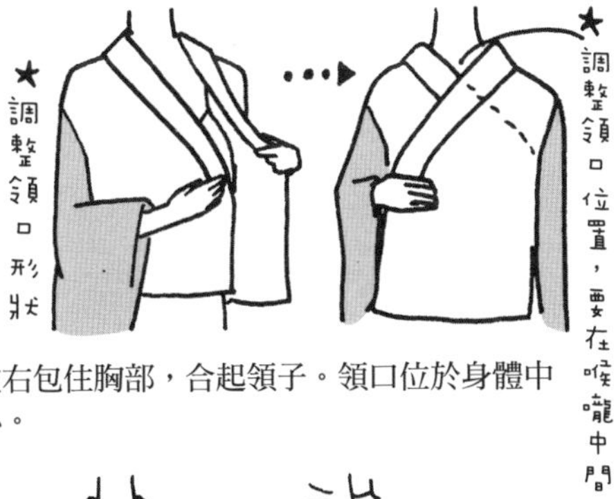
★調整領口形狀
★調整領口位置，要在喉嚨中間

5

左右包住胸部，合起領子。領口位於身體中心。

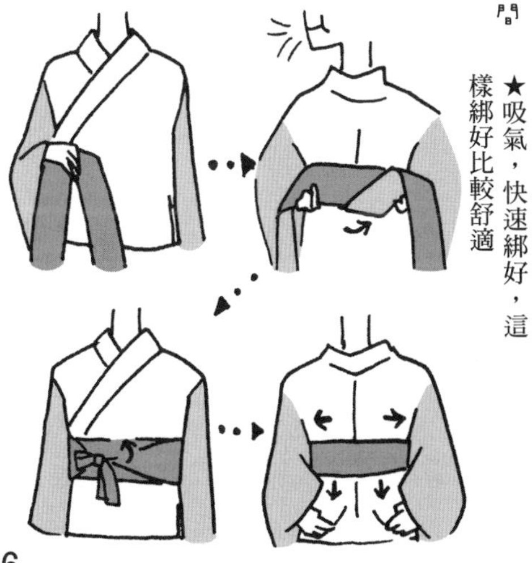
★吸氣，快速綁好，這樣綁好比較舒適

6

從左邊開始，捲起伊達締，在後方交叉，將底下那條往上折。打一個單蝴蝶結，將剩下的部分塞入伊達締，拉直背後的皺褶。

*註：褄先，領子下端與下擺會合處所形成的角。

# ◆ 穿和服 ◆

### 1 決定下擺線

下擺線


披上和服，雙手抓住領子，拖在地上的部份是下擺線。

### 2 確定外襟的寬度

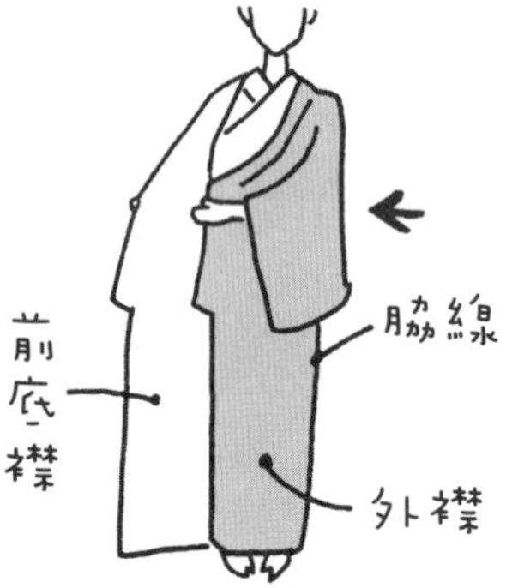

前底襟
脇線
外襟


將和服的脇線移往側邊。

### 3 合起前底襟

褄先*
10cm


確定好外襟寬度，拉開，合起前底襟，將褄先拉起約10cm。

### 4 合起外襟

5cm


將外襟重疊，拉起褄先，約5cm高。右手壓住外襟。手持腰紐中心，碰到右腋下。

### 5 將腰紐打結

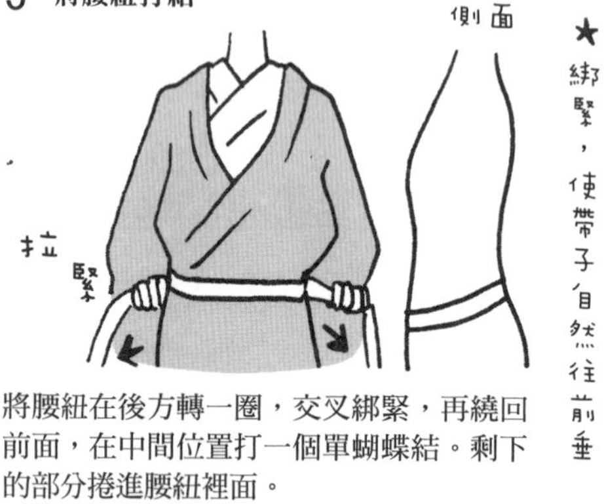

側面
拉緊
★綁緊，使帶子自然往前垂


將腰紐在後方轉一圈，交叉綁緊，再繞回前面，在中間位置打一個單蝴蝶結。剩下的部分捲進腰紐裡面。

### 6 整理折邊

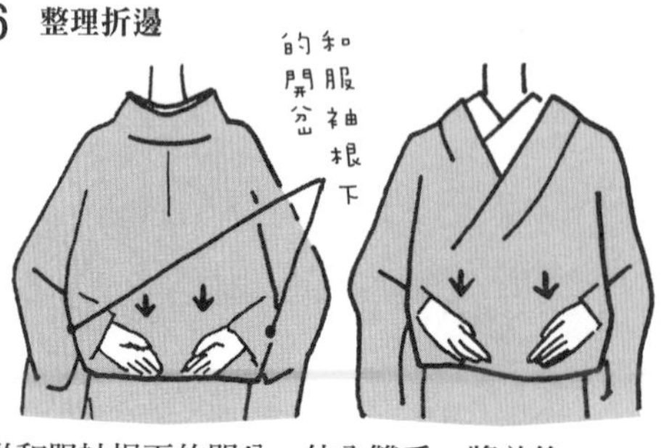

和服袖根下的開岔


從和服袖根下的開岔，伸入雙手，將前後折邊的皺褶拉平、調整。

*註：褄先，領子下端與下擺會合處所形成的角。

## 7　整理背後中心線與領子

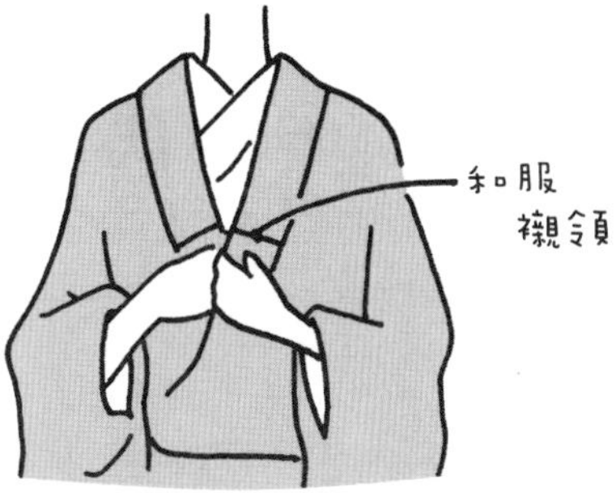
和服
襯領

合起和服襯領的左右兩邊，確定背後中心線。

## 8　整理折邊裡面

從和服袖根下的開岔伸手進去，將裡面前底襟的折邊往內上折。

## 9　固定前底襟

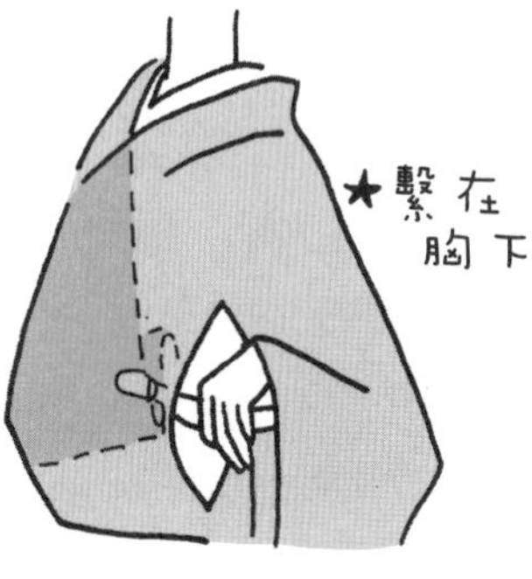
★繫在
胸下

沿著襦袢的領口，重疊前底襟的領口。將細皮帶伸入左邊袖根下的開岔，繫住前底襟的領子。

## 10　固定外襟的領口

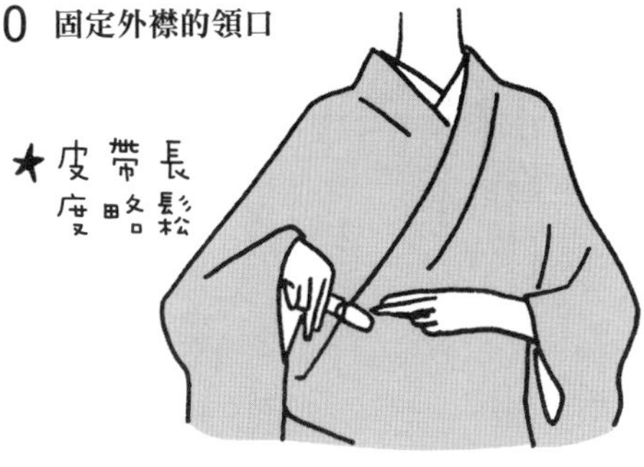
★皮帶長
度略鬆

將細皮帶從後方轉到右脇下，以同樣的方式繫住重疊的外衿領口。

## 11　拉直背後的皺褶，調整線條與領子

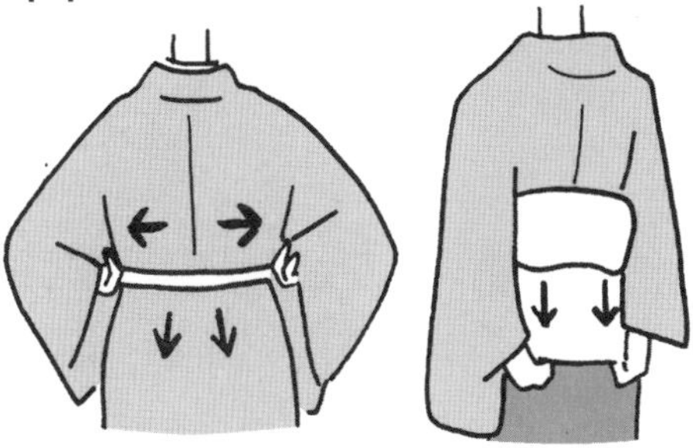

拉直背後的皺褶。翻起和服，拉直襦袢後面，調整領子與線條。

完成
帶子
胸口的部分
是寬鬆的
腰部則要繫緊
★綁腰帶之前，
先加上附有橡
皮筋的帶板。
輕鬆又好看
的和服
穿著技巧

## ◆穿著重點◆

**◆如果沒辦法固定好領口，建議可以用「衣紋拔」*！**

*註：衣紋拔，一種輔助固定和服領子的小工具。

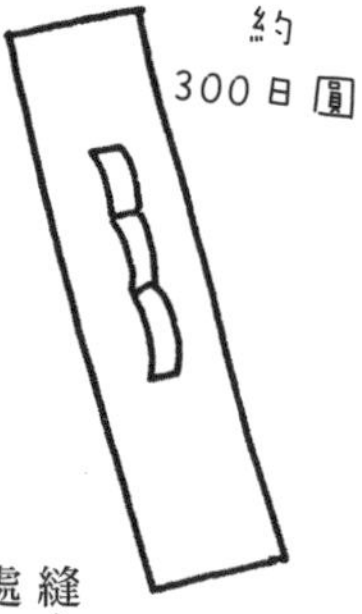


縫在襦袢領子上的接縫處。

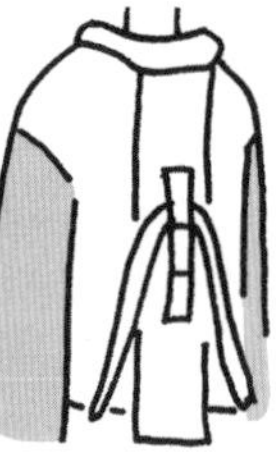

・先將帶子穿洞。

・在前面打結。

帶子長度，約是腰紐的一半。纏繞一圈即可，這樣穿著時或穿好以後都很舒適。

*註：美容衿，可加強整體顏色搭配的半衿。

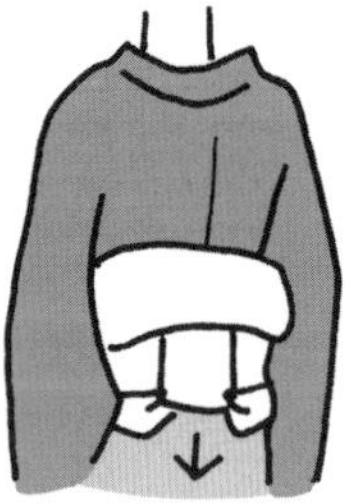

・後領要是跑掉，請掀開和服，先拉直衣紋拔。

**◆想多露出一點半衿時**

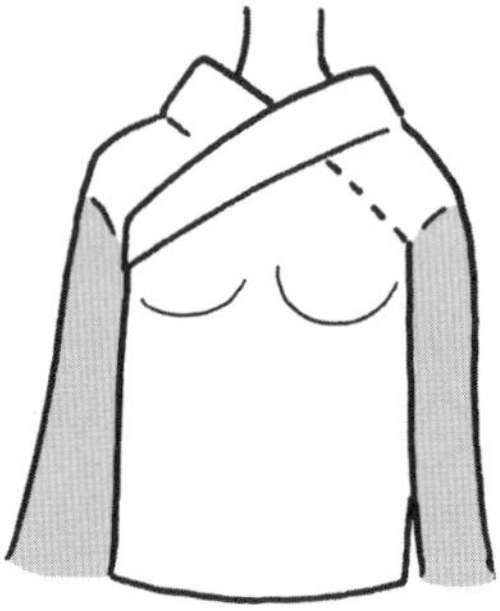

・將襦袢的領口緊蓋在胸上。

・為了露出比較多半衿，和服的領子要用較低淺的。

★這麼一來就能清楚看見半衿的刺繡或圖案。

**◆和服下擺邊緣較短的時候**

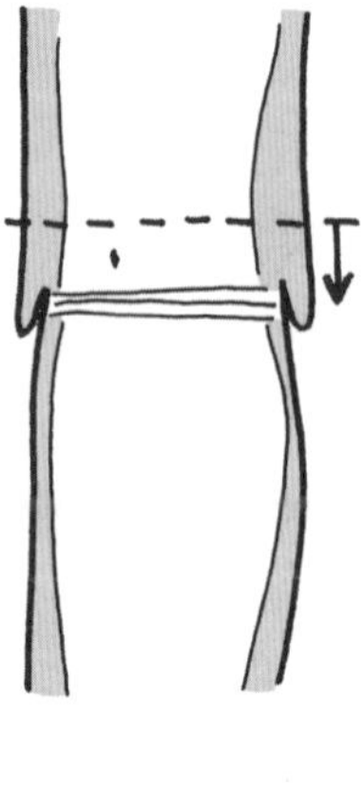

・腰紐的位置要拉得比平時低。

・腰紐若用的是橡皮腰帶或是偏細的，會顯得比較乾淨俐落。

相反地，若是長度較長，就算是往上拉，還是會出現多餘的長度，此時調整

・拉起前後的下襬，蓋在胸口，綁上帶子。

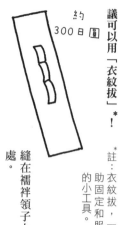

## ◆各種腰帶結◆

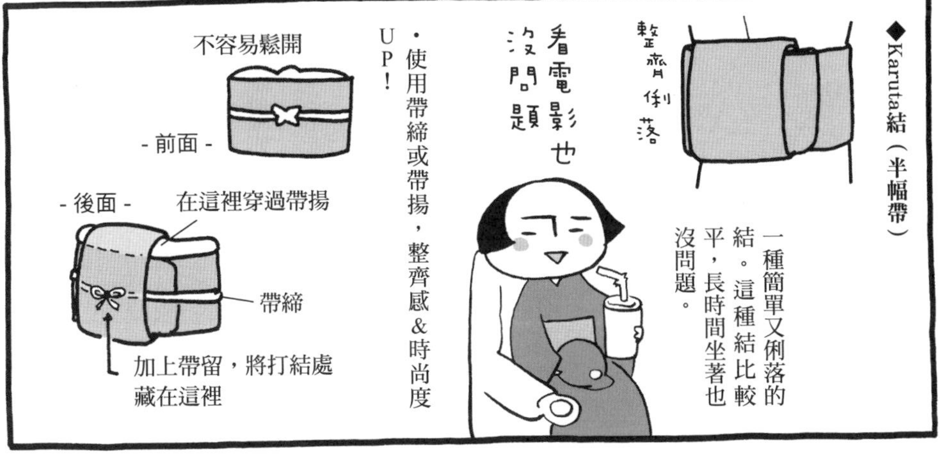
◆Karuta結（半幅帶）
一種簡單又俐落的結。這種結比較平，長時間坐著也沒問題。
整齊俐落
看電影也沒問題
・使用帶締或帶揚，整齊感&時尚度UP！
不容易鬆開
－前面－
－後面－
在這裡穿過帶揚
帶締
加上帶留，將打結處藏在這裡

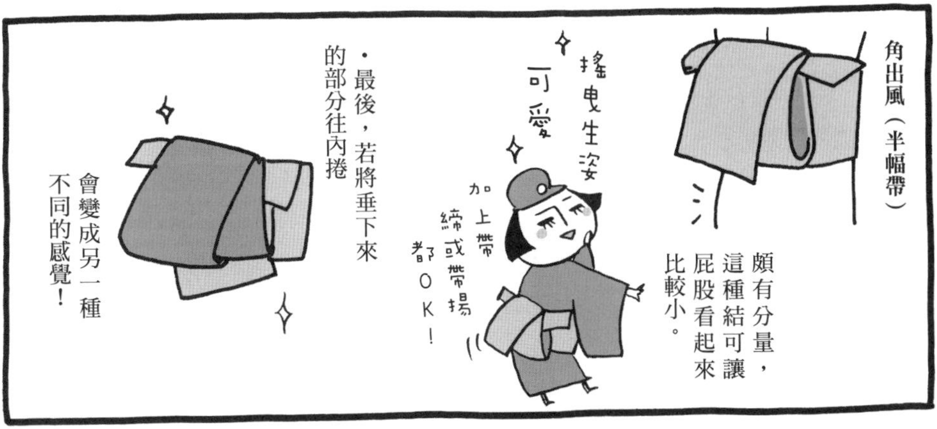
角出風（半幅帶）
頗有分量，這種結可讓屁股看起來比較小。
搖曳生姿
可愛
加上帶締或帶揚都OK！
・最後，若將垂下來的部分往內捲
會變成另一種不同的感覺！

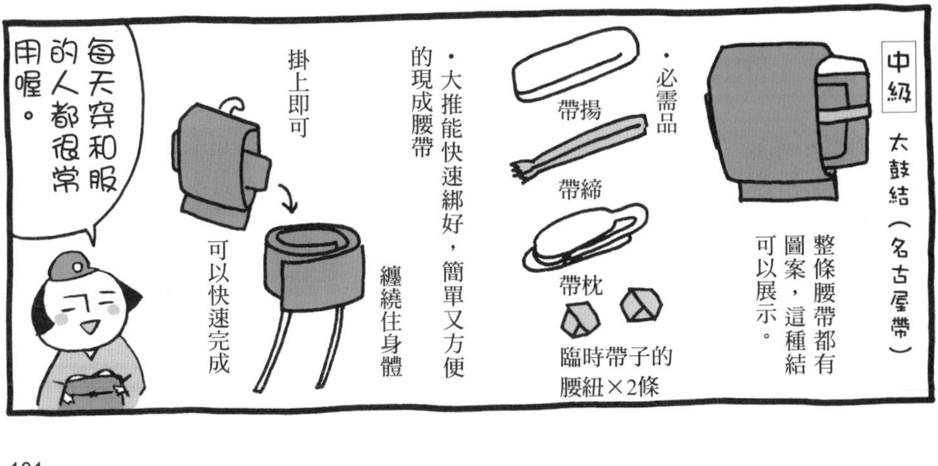
中級
太鼓結（名古屋帶）
整條腰帶都有圖案，這種結可以展示。
・必需品
帶揚
帶締
帶枕
臨時帶子的腰紐×2條
・大推能快速綁好，簡單又方便的現成腰帶
纏繞住身體
掛上即可
可以快速完成
每天穿和服的人都很常用喔。

# ◆karuta結◆

1

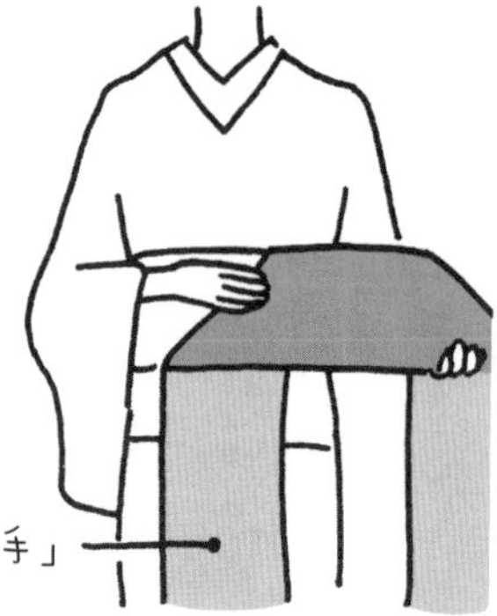


「手」留個75cm，然後折成三角狀垂下來。（「手」指綁和服腰帶時靠近肩膀側的部分。）

2

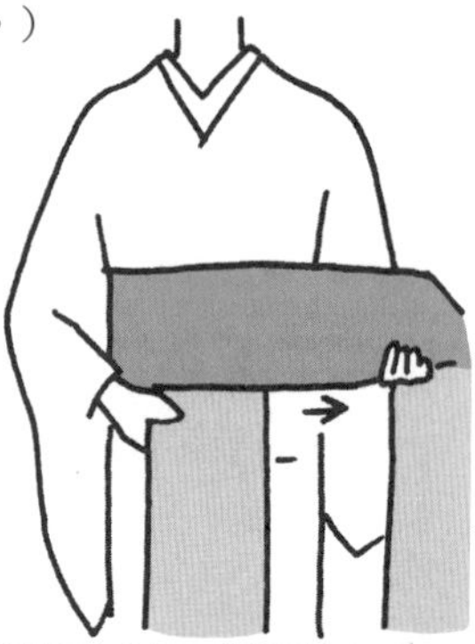

拿好帶子下方，緊緊地捲個兩圈，仔細綁緊。

3

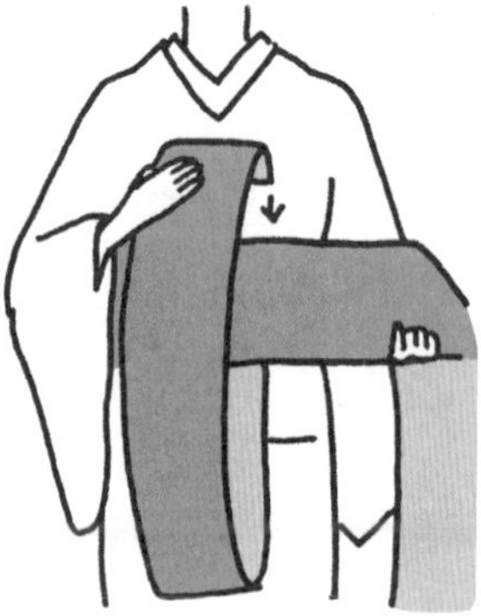

拉起「手」，往上穿過腰帶最內側。

4

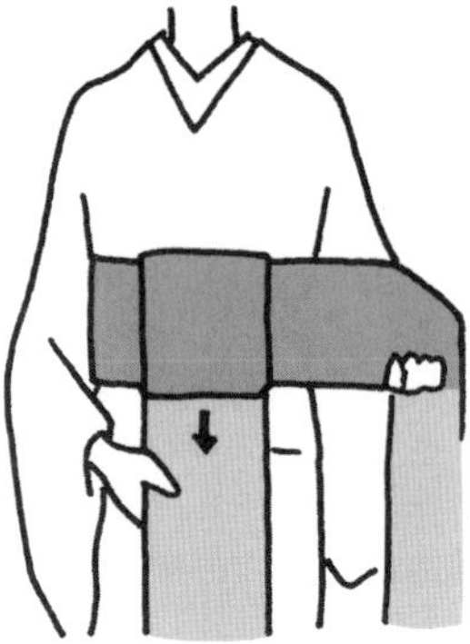

從下方將「手」拉出，往下垂。

5

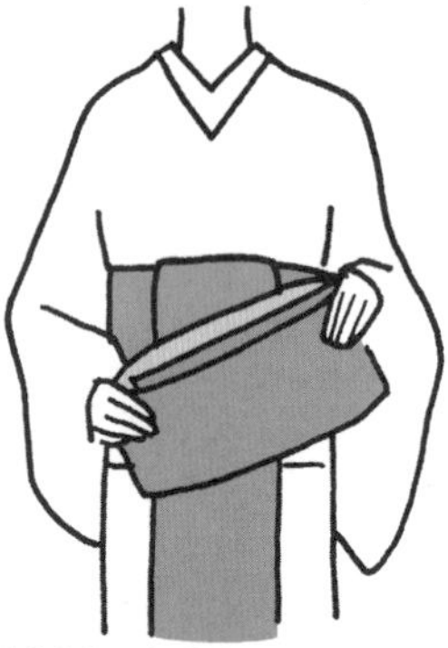

將與腰部寬幅差不多的「垂」折起來。（「垂」指綁和服腰帶時用來纏繞住身體的部分。）

6

將折好的「垂」覆蓋在帶子中央。

7

將下垂的「手」拿起來，再次穿過腰帶最內側。

8

從腰帶下方拉出「手」，折起多餘的部分，從下方塞入腰帶最內側。

9

用右手拿住折好部分的上方，左手拿捲著的帶子下方，往右轉。

# ◆ 角出風結 ◆

1

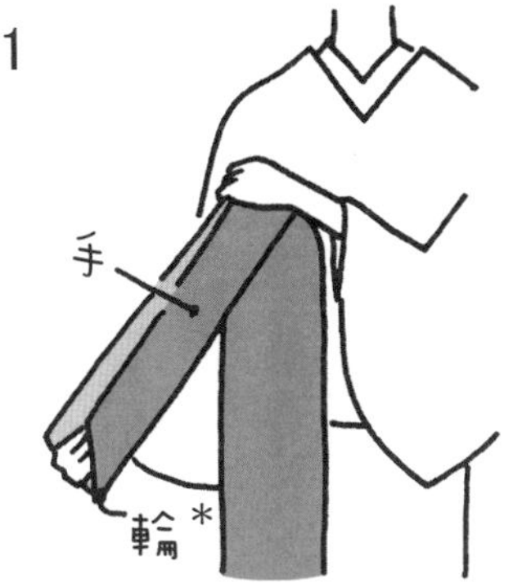


「手」的長度比手臂稍短，將輪朝下，折起一半。（「輪」：腰帶對褶處 。）

2

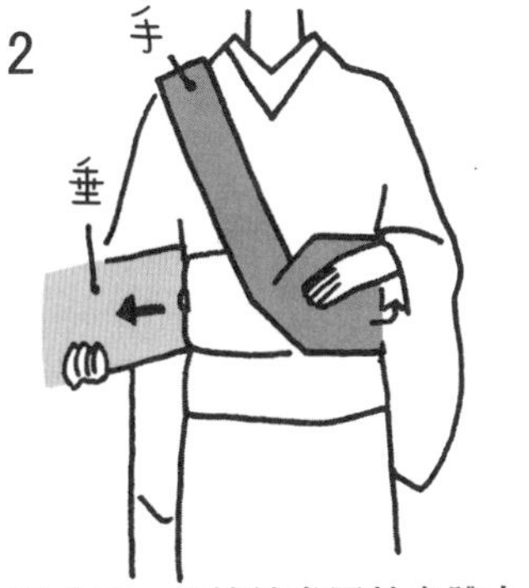


將「手」的接縫處置於身體中心，把「手」披上右肩。開始捲「垂」時，要先折成三角狀，再捲兩圈。

3

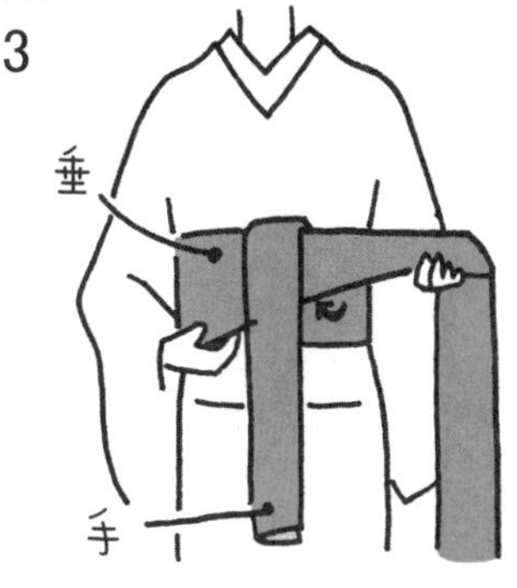


從右脇將「垂」折成三角狀並折成一半，在「垂」的上頭蓋上「手」。

4

將「手」穿過「垂」的下方，讓打出來的結打直，再向後用力綁緊。

5

將「手」先暫放在左肩，將「垂」折成一半，在右側留下約20cm做出羽根。

6

將「手」覆蓋在羽根上，然後穿過羽根下，將「手」跟羽根綁緊。

7

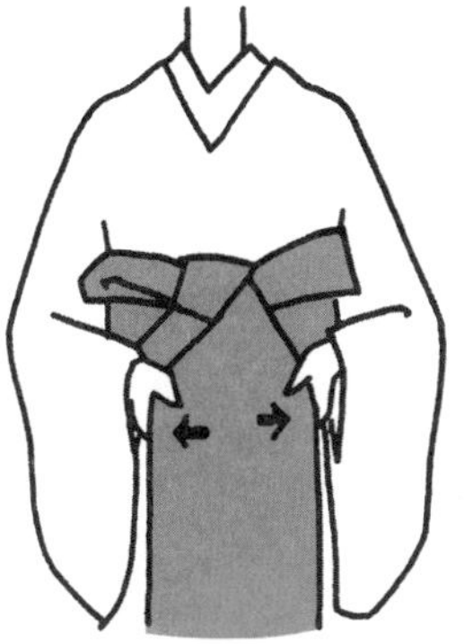

從打結的地方將「垂」拉開，拉直皺褶。

8

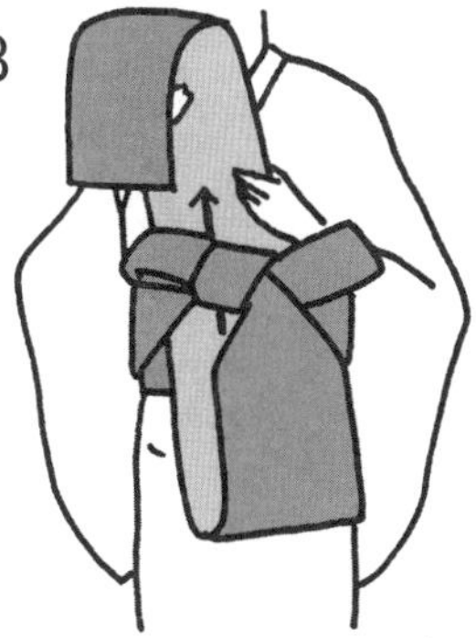

將「垂」穿過打結處下方後往上拉，然後再穿過去一次。

9

覆蓋住剩餘的「垂」，調整好「垂」的平衡後往右轉。

## ◆ 太鼓結 ◆

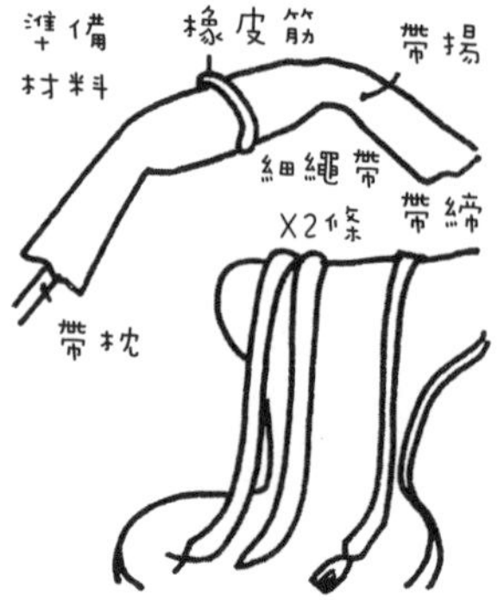


在帶枕上覆蓋上對齊合攏的帶揚，用橡皮筋固定。帶子類的要放在方便拿到的地方。

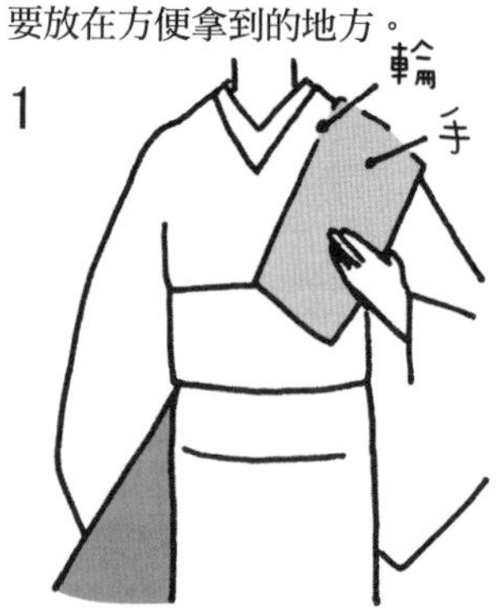


將腰帶的輪置於上方，掛在左肩的「手」的長度，則依懸掛在帶板上的長度來決定。

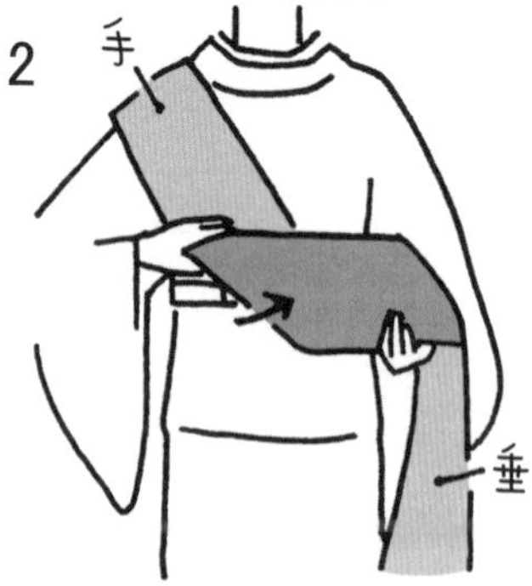


用左手按壓住腰帶上線
右手將「手」往上折成三角狀。

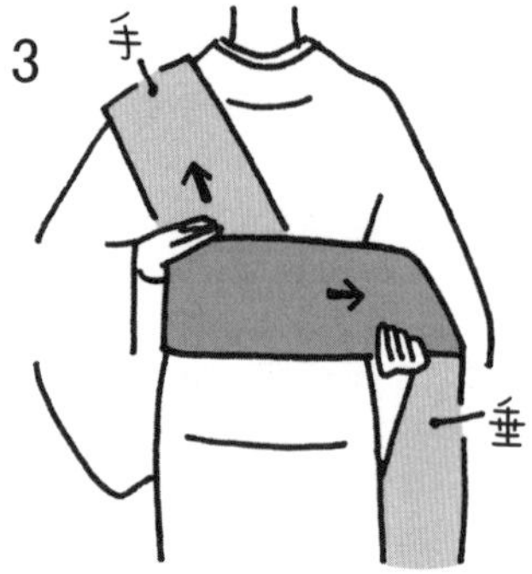


拿好腰帶下方，將「垂」捲兩圈，在腰帶下方綁緊。

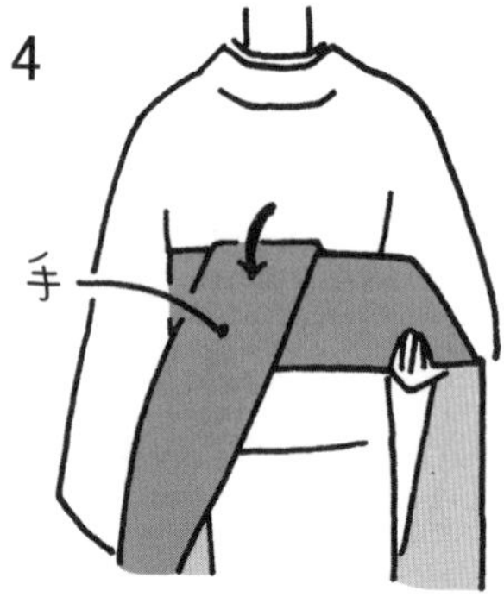


將「手」蓋在「垂」上。

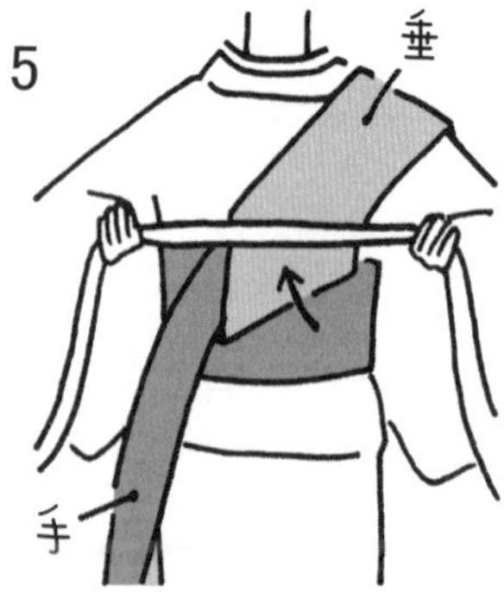


將「垂」往上折披在肩上。在腰帶上方的位置用細繩帶打結。

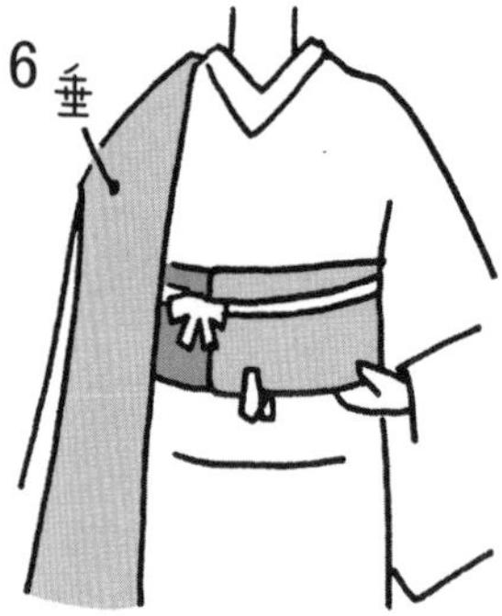


將「手」轉到腰帶前方，在腰帶上用夾子暫時固定。

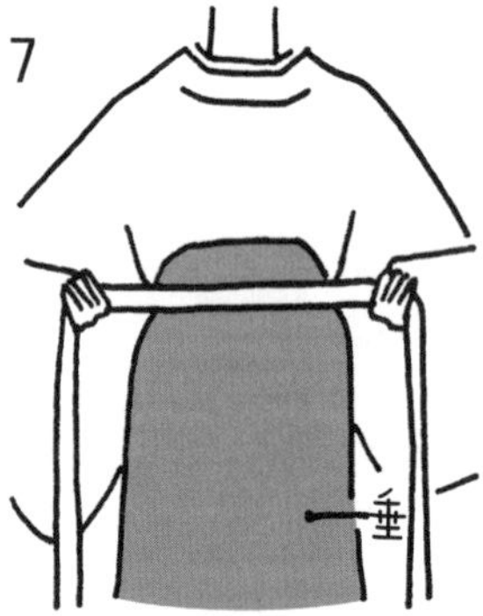


在後方放下「垂」並展開。放上細繩帶並於前方綁緊。

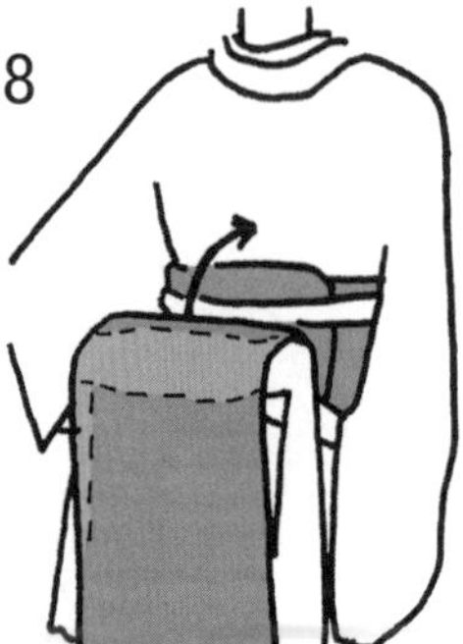


在「垂」下塞入帶枕，裝到腰帶最上端的折口處。

9

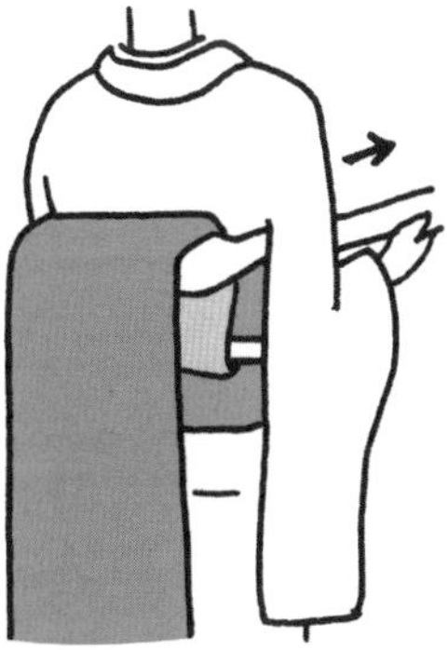

將帶枕的帶子拉到前面，將帶枕平坦的部分確實固定在背後。

10

將帶枕的帶子中心部分稍微鬆一點，打一個單邊的蝴蝶結。

11

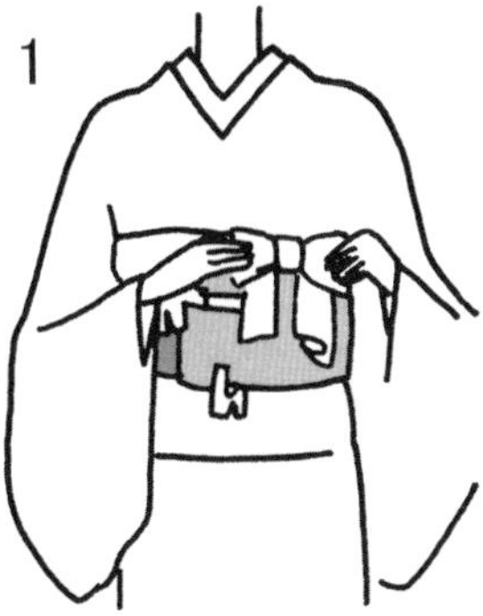

將覆蓋在帶枕上頭的帶揚在前頭打一個臨時的結。

12

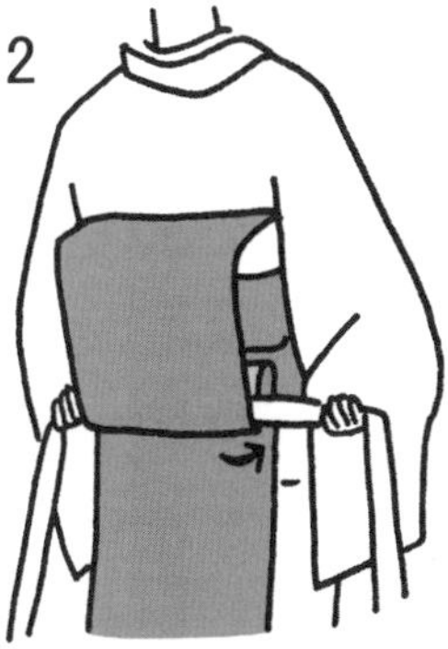

將臨時結塞入「垂」下，位置約當於帶子的下線，當作軸心，將「垂」往內側折上去。

13

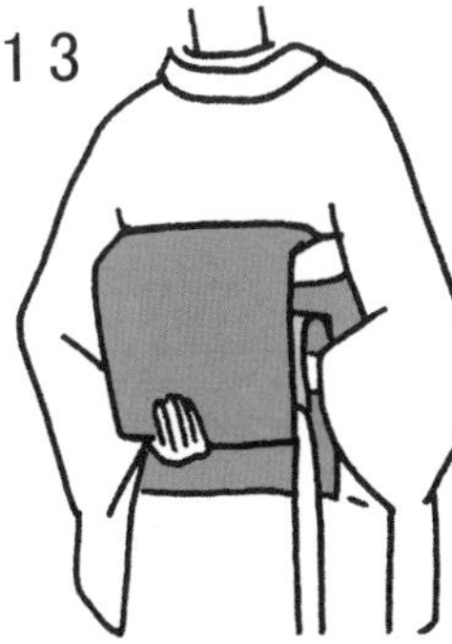

左手抓住「垂」與臨時結，右手將多餘的「垂」往內側折上去。

14

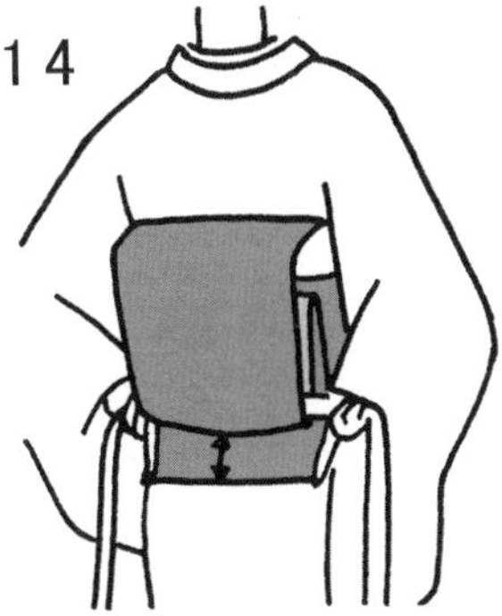

「垂」前端的長度約為一根食指的長，用細繩帶在前面打結。

15

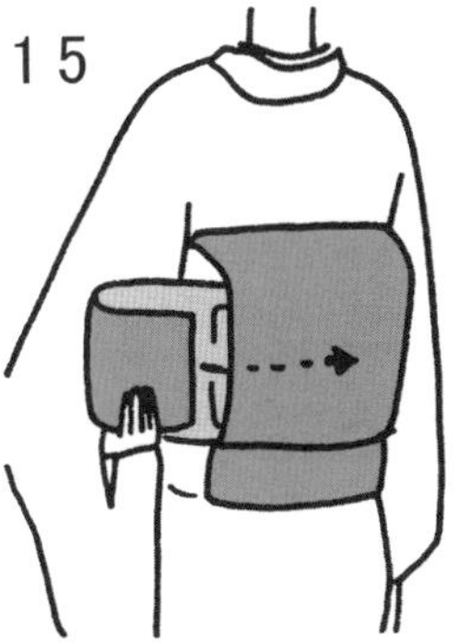

將暫留在前方的「手」，從左側穿過太鼓的最外側。

16

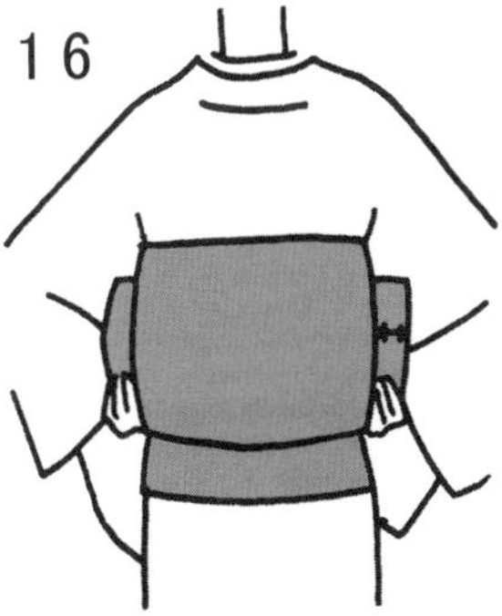

將「手」的前端往右側抽出約3cm，剩餘的部分折入左側。

17

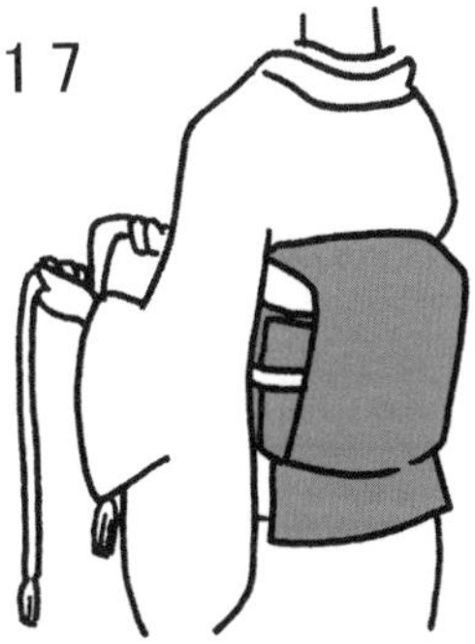

將帶締穿過太鼓後打結。解開兩條細繩帶，將帶揚重新打結。

## ◆帶揚的打結法◆

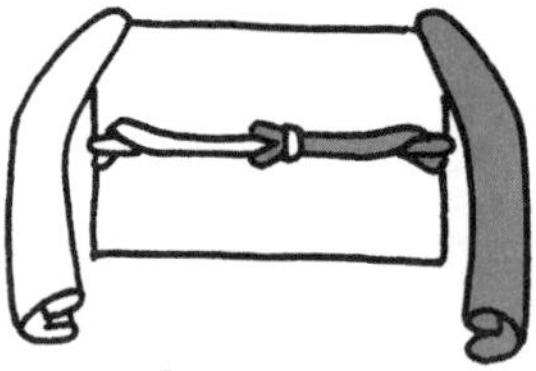

1

將帶揚往兩側擴展，讓圓圈在下地捲四次。

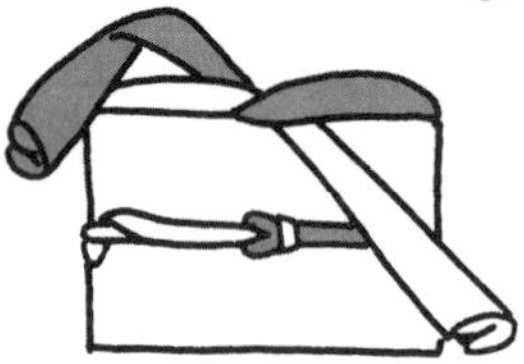

3

讓左邊的在上，從右邊下方繞一圈打結，讓打結處立起來。

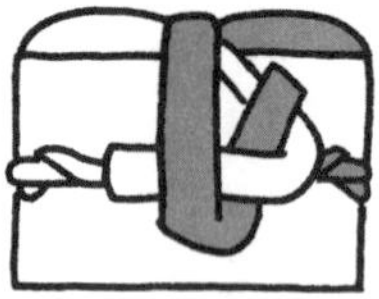

5

用下方的帶揚做出一個圈，通過上方的帶揚。

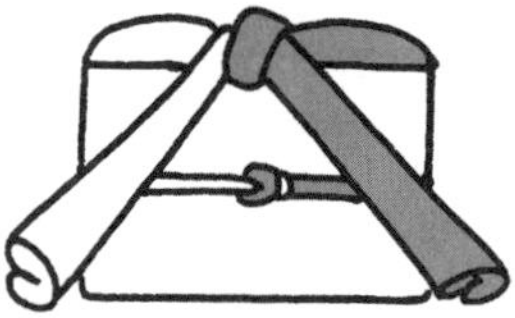

7

將上方的帶揚當作軸心，往左右同時慢慢拉開並輕綁。

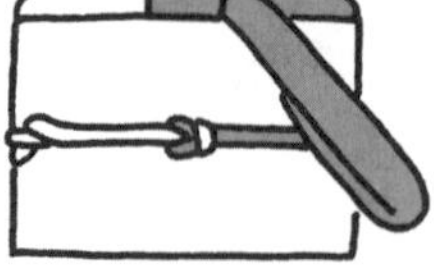

9

折起帶揚多出的部分，看起來不要太大，然後塞入腰帶的最下方，往左右兩方順好。

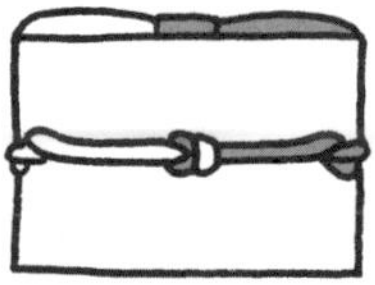

11

將打結處的中心塞入腰帶。調整左右平衡。

## ◆帶締的打結法◆

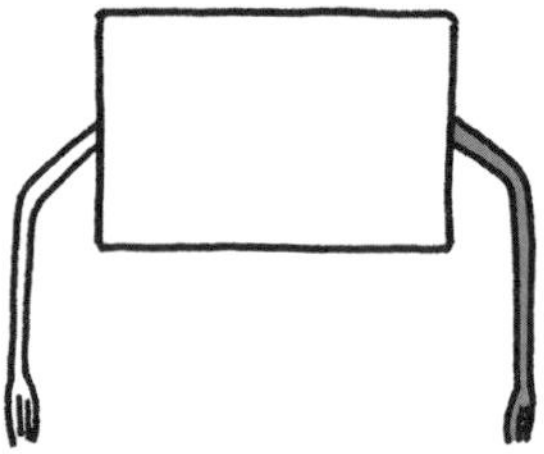

2

統一左右帶締的長度。

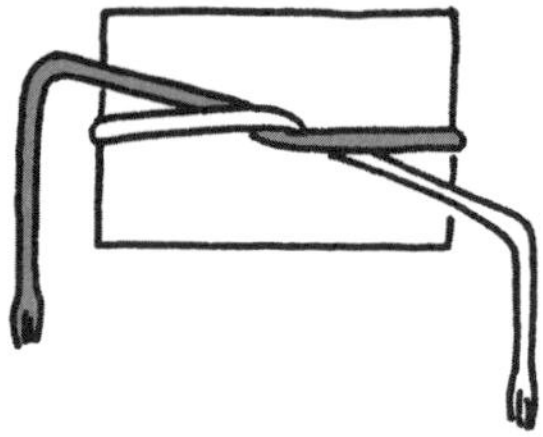

4

左邊在上，交叉後打一個結。

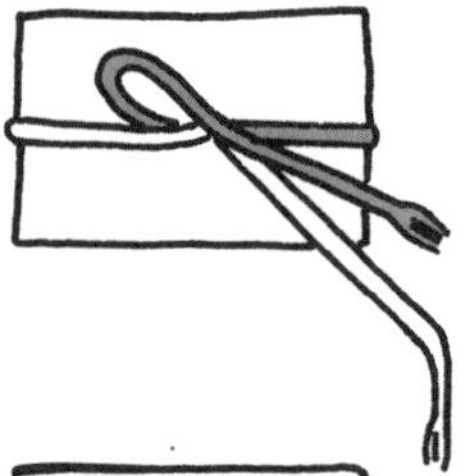

6

將在上方的帶締做成一個圈。

8

將在下方的帶締往上折，穿過圓圈中。

10

壓住打結處的中心，使之不會鬆脫，往左右拉，仔細綁好。

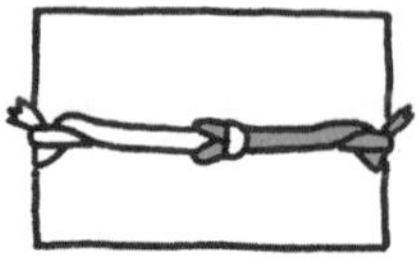

12

將左右帶締的前端朝上，插入側邊。

## 穿著時，和服變形的調整方式

穿著和服，如果變形，可以掌握一些急救調整方式。去洗手間的時候，可以順便照鏡子檢查調整一下。很像是早上化完妝，中間又重新補妝的感覺。

百貨公司的洗手間寬敞又乾淨，方便調整和服♥

領口變形

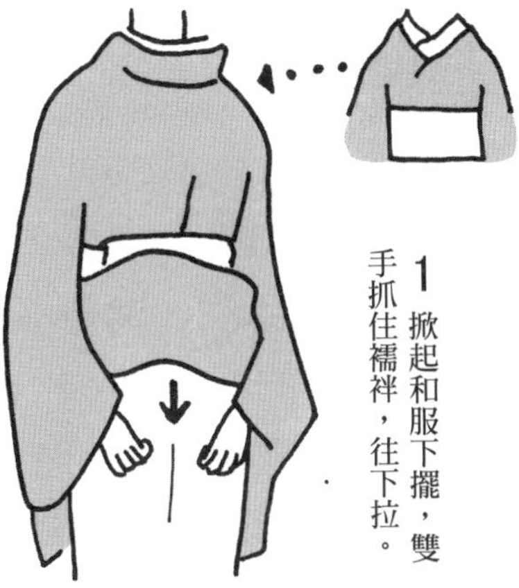

**1** 掀起和服下擺，雙手抓住襦袢，往下拉。

**2** 手伸入袖口兩側的開口，抓住襦袢的領子，往左右拉，調整讓領口能合起來。

袖孔鬆垂

用兩手將跑出來的部分塞入腰帶中，並往後方順。

折邊不整齊

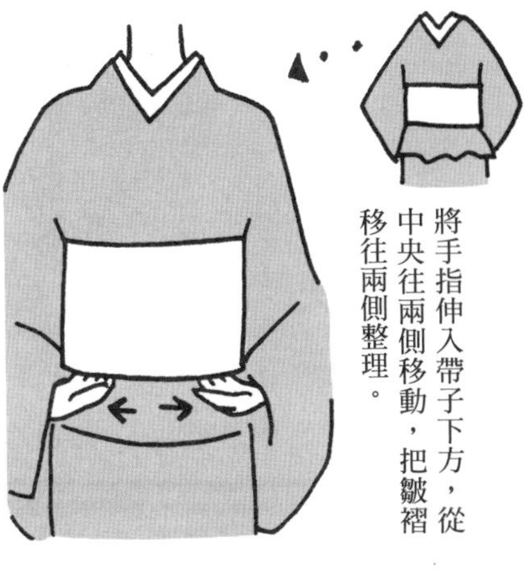

將手指伸入帶子下方，從中央往兩側移動，把皺褶移往兩側整理。

**◆裙襬下緣滑脫**

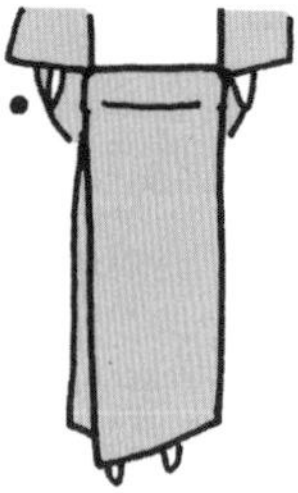

**1** 翻起細繩帶，將腰紐上滑下來的外襟往上拉。

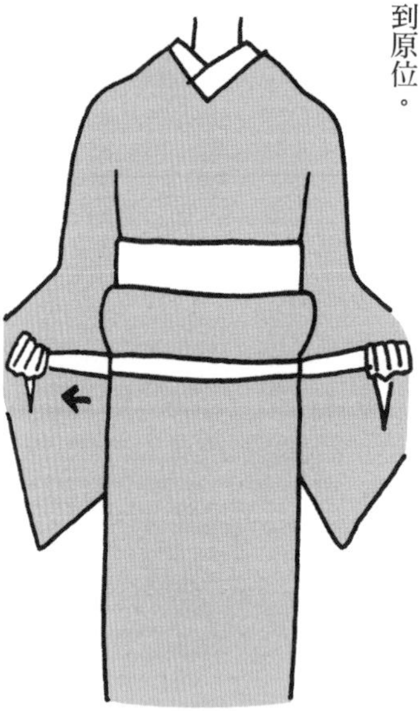

**2** 重新將腰紐綁好。將細繩帶恢復到原位。

**◆腰帶滑落**

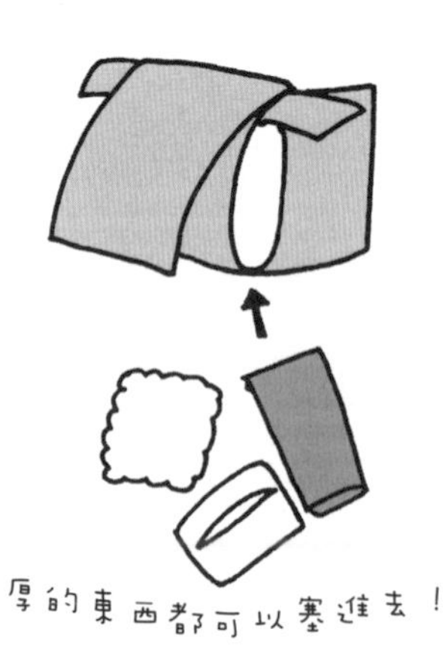


將手帕、拭手巾、小毛巾等折一折，從帶子下方↑的位置塞入。

**◆其他**

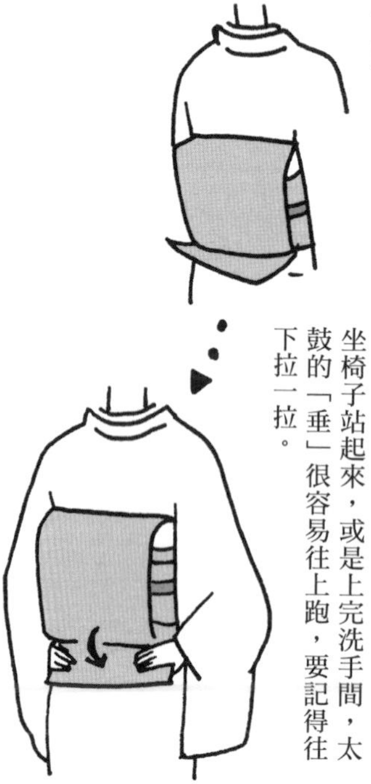

坐椅子站起來，或是上完洗手間，太鼓的「垂」很容易往上跑，要記得往下拉一拉。

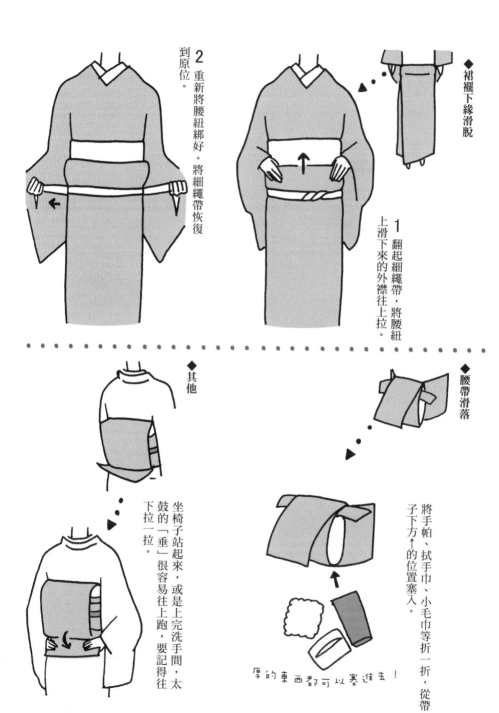

## ◆日文和服資料推薦◆

アンティーク着物（古董和服）
スタイルブック＿a（stylebook_a）
大野らふ 河出書房新社
從和服的花樣圖紋這個新奇的角度切入，用簡單易懂的方式介紹古董和服
電話 03-3404-8611

紅絹 vol.01
アンティーク&リサイクルでキモノはじめ＿b（古典與回收和服入門_b）
編纂：青木千英 エフ.ディ
住在福岡的和服設計師——青木千英的和服穿搭書籍。在顏色搭配與使用小物方面尤其傑出。
電話 0927-733-1692

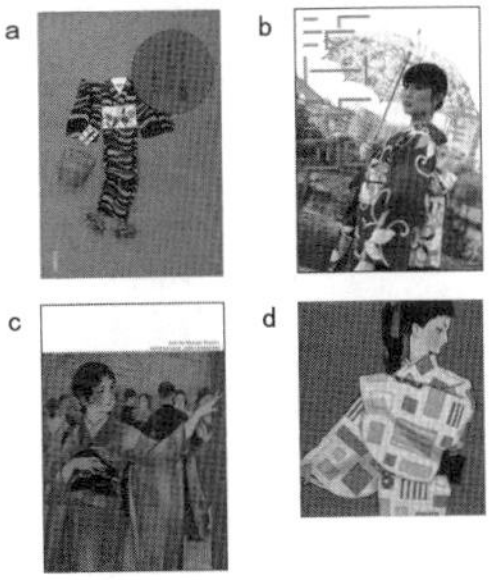


昭和モダンキモノ
（昭和時尚和服）
抒情画に学ぶ着こなし術＿c（向抒情畫學穿搭術_c）
編纂：彌生美術館、中村 圭子
河出書房新社
從插畫中欣賞、了解當時情調的一本書。插畫的和服姿態很美麗，也可以做為拍照時擺姿勢的參考。
電話 03-3404-8611

中原淳一きもの読本＿d
（中原純一的和服讀本_d）
中原純一 監修：中原 蒼二
平凡社
身為美感領袖的中原淳一先生，對和服以溫柔而嚴厲的筆調，所寫的一本書。
電話 03-3818-0914

豆千代モダン
（豆千代時尚館）
西荻本店　東京都杉区西荻北3-32-2
ソレイコ西荻 問03-3301-8559
新宿店　東京都新宿区新宿3-1-20
新宿マルイワン4F
問03-6380-5765

ふりふ　渋谷店
（FURIFU 澀谷店）
東京都渋谷区宇田川町15-1
渋谷PARCO PART1 2F
問03-3464-5159

くるりagaru
（kururi agaru）
東京都渋谷区神宮前4-25-7
コーポKビル2F
問03-3403-0319

awai
東京都港区六本木4-5-7
問03-5770-6540

着物屋いちろく
（和服店ichiroku）
福岡市博多区住吉5丁目19-3
安部ビル1F
問092-471-9232

## ◆Place

若你已經習慣穿和服去咖啡廳、去購物，成為日常生活中的一部分，那麼要不要拓展範圍，試著去漂亮的地方散散步呢？請帶著相機、擺出姿勢，享受非日常的感覺吧。穿和服的照片也可以成為日後穿搭的參考。想沉浸在和的世界，請去能欣賞日本美的淺草、根津、小江戶川越、江戶東京建築園、日本民藝館。想感受優雅的感覺，就去浪漫洋館、東京都庭園美術館、舊前田侯爵邸洋館、舊岩崎邸庭園、朝倉雕塑館。還有到小石川植物園等，和季節花卉一起拍下的照片，簡直像是一幅畫。

## 後記

謝謝您讀到這裡。我自小就喜歡浮世繪，留學以後，再次意識到日本文化的魅力。但是說真的，我雖然喜歡和服，卻在心中預想著，和服看起來好像很不好穿……。正當此時，朋友告訴了我許多關於古董和服與平日便裝和服，將我心中的不安完全一掃而空。之後，我買了書、跑遍各商店，向許多人學習穿和服的方式，等回過神來，我已經完全迷上和服，就這樣過了十年。

這本書最初的部分，我試著用插畫的方式表現大膽的幾何圖案、夏威夷植物拼布風的腰帶、非洲民族服裝的袋鼠和服等，企圖使讀者覺得「真希望能有這種和服啊~好想穿啊~」

第一章，我介紹日常生活中可以應用的十二個月和服穿搭術。

第二章和第五章則是解說「實際來穿穿看吧」。我很喜歡穿和服，也喜歡看別人穿和服，但偶而遇到身材走樣，無法穿和服的時期。「但是無論如何我都想要穿！」「怎麼樣才能更輕鬆穿和服呢？」我這麼想著，嘗試過許多方法，像是將腰帶改成半幅帶、鬆解帶子等各種錯誤嘗

試。這些經驗讓我可以介紹輕鬆穿著的KNOW HOW。

第三章的內容，和第一章的日常不同，主要是和服秀以及發生在國外的事。我寫出了我因為穿和服而碰到的人以及發生的有趣事物等。

第四章，介紹手作飾品。「雖然零用錢有一定的預算，但很想表現時尚！」我這麼想著，於是自己動手做。但我的手很不靈巧，所以在這裡介紹到的，都是一些重製的簡單小東西。

最後，若是你也對和服有興趣，推薦你從輕鬆的便裝和服開始。每天都穿和服，的確難度有點高，所以可以試著只在周末穿。由於平常我們的生活總是一成不變，一點小改變將能帶來新鮮的興奮感，是一件令人開心的事。

這本書仰仗許多人的幫忙才能寫成。首先，讓我有寫這本書的機會，是書法家武田雙雲老師。有著絕佳sense的設計師ME&MIRACO的塚田佳奈，為我寫本書的推薦文。這我一直都很崇拜的和服設計師豆千代。最後是在背後支持我的朋友與丈夫，還有閱讀這本書的各位讀者，真的很謝謝你們。我很感謝能與大家有這樣的緣分。

松田惠美

國家圖書館出版品預行編目資料

和服系乙女 歲時紀穿搭手帳 / 松田惠美著 ; 楊鈺儀譯. -- 初版. -- 新北市 : 智富, 2016.01
面 ;　公分. -- (風貌 ; A22)
ISBN 978-986-6151-89-7(平裝)

1.女裝　2.衣飾　3.時尚

423.23　　104024365

風貌A22

# 和服系乙女 歲時紀穿搭手帳

作　　者 / 松田惠美
譯　　者 / 楊鈺儀
主　　編 / 簡玉芬
責任編輯 / 陳文君
出 版 者 / 智富出版有限公司
地　　址 / (231)新北市新店區民生路19號5樓
電　　話 / (02)2218-3277
傳　　真 / (02)2218-3239（訂書專線）、(02)2218-7539
劃撥帳號 / 19816716
戶　　名 / 智富出版有限公司
　　　　　單次郵購總金額未滿500元（含），請加50元掛號費
世茂集團網站 / www.coolbooks.com.tw
排版製版 / 辰皓國際出版製作有限公司
印　　刷 / 祥新印刷股份有限公司
初版一刷 / 2016年1月



I S B N / 978-986-6151-89-7
定　　價 / 280元

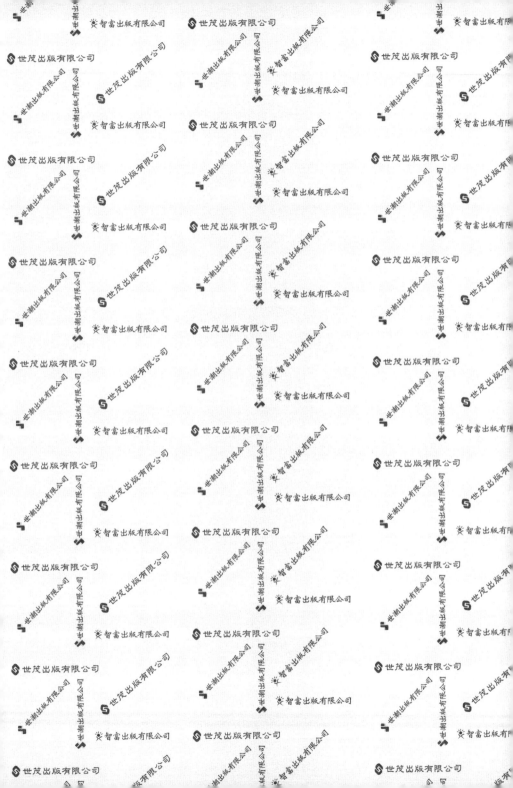